国家自然科学基金资助项目“基于在线评论文本挖掘的线上线下服务补救：以网络零售为例”（71701085）
教育部人文社会科学研究青年基金项目“基于网络评论的‘产品质量’网络舆情研究”（16YJCZH159）
山东省高等学校人文社会科学研究项目“物流服务的质量评估与服务补偿：基于情感分析的方法”（J16YF25）
聊城大学学术著作出版基金资助

中文在线评论的用户情感分析及应用

郑丽娟 王洪伟 著

中国财经出版传媒集团

图书在版编目（CIP）数据

中文在线评论的用户情感分析及应用／郑丽娟，王洪伟著．—北京：经济科学出版社，2018.11
ISBN 978 -7 -5141 -9942 -0

Ⅰ.①中…　Ⅱ.①郑…　②王…　Ⅲ.①互联网络 - 用户 - 情感 - 分析　Ⅳ.①TP393.094

中国版本图书馆 CIP 数据核字（2018）第 251563 号

责任编辑：凌　敏
责任校对：郑淑艳
责任印制：李　鹏

中文在线评论的用户情感分析及应用
郑丽娟　王洪伟　著
经济科学出版社出版、发行　新华书店经销
社址：北京市海淀区阜成路甲 28 号　邮编：100142
教材分社电话：010 -88191343　发行部电话：010 -88191522
网址：www. esp. com. cn
电子邮件：lingmin@ esp. com. cn
天猫网店：经济科学出版社旗舰店
网址：http：//jjkxcbs. tmall. com
北京密兴印刷有限公司印装
710 × 1000　16 开　12. 25 印张　170000 字
2018 年 11 月第 1 版　2018 年 11 月第 1 次印刷
ISBN 978 -7 -5141 -9942 -0　定价：46. 00 元
（图书出现印装问题，本社负责调换。电话：010 -88191510）

前　言

随着互联网的飞速发展，特别是Web 2.0技术的逐渐普及，广大网络用户已经从过去单纯的信息获取者变为网络内容的主要制造者。人们通过互联网主动地获取、发布、共享、传播各种观点性信息。这些观点性内容——“在线评论”对于商品推荐、舆情监控、风险控制等都具有重要的意义和价值。在线评论不同于传统的结构化的数据，表现形式大多是非结构化或半结构化的评论文本。面对海量的富含感情信息的文本，情感分析应运而生。在线评论的“情感分析”，就是利用文本挖掘技术，对在线评论进行自动分析，旨在识别用户的情感趋向是“高兴”还是“伤悲”，或判断用户的观点是“赞同”还是“反对”。引入情感分析，可以在海量的在线评论中挖掘出用户的情感特征，提升在线评论的情感价值管理。

情感分析成为国内外研究的一个热点，但现有研究还存在较多的缺失点和不足，如已标注的中文情感语料库缺乏，情感分类方法的分类准确率不高，情感词强度量化方法缺乏，情感分析技术的应用领域局限等问题。为解决这些问题，本书针对中文评论的特点，围绕“提升在线评论的分类准确率，探索用户情感及应用”这一科学问题，从情感分析技术、情感分析应用两个角度，沿着“粗粒度情感分类→细粒度情感分析→情感分析应用”主线，由粗到细、由基础研究到实际应用，对“中文在线评论的用户情感分析及应用”进行了系统的研究。其中，粗粒度情感极性分类的目的是获得针对某个产品/服务/事件的整体（粗）

观点；细粒度情感强度分析的目的是获得针对产品/服务/事件的某个属性的具体（细）观点；基于情感分析视角，采用机器学习和计量经济两种范式相结合的方法，探讨情感分析技术在金融领域的应用，可以挖掘在线评论在金融领域的价值。

本书主要有三个创新点：第一，基于句子情感的段落情感极性分类方法中，通过句子的情感极性和句子的情感贡献度来对段落进行情感分类。本书提出等权重、相关度、情感条件假设3种方法，能够根据训练语料的统计数据动态地确定段落中不同位置“句子的情感贡献度”。第二，情感本体的构建过程中，根据已有在线声誉系统特点，将用户的情感强度划分若干级别。考虑到观点词情感强度的模糊性，为每个情感强度设置隶属度函数。在此基础上，通过模糊统计确定观点词情感强度。第三，基于情感分析视角，结合机器学习——支持向量机（SVM）和计量经济——广义自回归条件异方差（GARCH）两种范式，提出GARCH-SVM模型。并将提取出的在线股票评论中的情感信息作为GARCH-SVM模型的一个输入项来预测股票价格的波动。

本书的完成，要特别感谢国家自然科学基金资助项目“基于在线评论文本挖掘的线上线下服务补救：以网络零售为例”（编号：71701085）、教育部人文社会科学研究青年基金项目“基于网络评论的‘产品质量’网络舆情研究”（编号：16YJCZH159）和山东省高等学校人文社会科学研究项目“物流服务的质量评估与服务补偿：基于情感分析的方法”（编号：J16YF25）对我们研究工作的资助。感谢聊城大学商学院（质量学院）和同济大学经济与管理学院在研究和写作过程中的大力支持，感谢一起努力过的合作者们辛勤的付出，感谢经济科学出版社编辑的辛苦工作。由于作者的水平有限，书中的不足之处在所难免，殷切希望读者不吝赐教！

郑丽娟　王洪伟

2018年6月

目　录

第1章 绪　论

1.1 本书的写作背景与意义

1.1.1 在线评论的情感价值挖掘

伴随着互联网的飞速发展，人们在线表达自己的观点越来越容易，在线参与的意愿也越发的强烈，尤其是，随着 Web 2.0 技术的逐渐普及，网民发表在线评论的主动性和频繁性得到了进一步提高，话题范围和评论水准也比以往都要广泛和深入，广大网络用户已经从过去单纯的“信息获取者”变成了网络内容的“主要制造者”。可以说，互联网已不仅仅是网民获取信息的仓库，更是情感交流的园地，情感信息已经广泛分布于互联网的各种媒体：人们可以通过购物网站对产品/服务发表意见，还可以通过微博、论坛、社交站点，甚至是新闻评论对某事件发布自己的观点或表达自己的情感，这些反映出作者对事物、人物、事件等的个人（或群体、组织等）的见解或看法，包含作者个人情感信息的观点性内容，我们称为“在线评论”。

在线评论不同于传统的结构化的数据，表现形式大多是“非结构化”或“半结构化”的评论文本形式。面对海量的富含感情信息的文本，人们迫切地需要找到一种快速对大规模文本进行观点分析的方法。在线评论的情感分析应运而生。所谓在线评论的“情感分析”，就是利用文本挖掘技术，对在线评论进行自动分析，旨在识别用户的情感趋向是“高兴”还是“伤悲”，或判断用户的观点是“赞同”还是“反对”。引入情感分析，可以在海量的在线评论中挖掘出用户的情感特征，从而提升在线评论的情感价值管理。

1.1.2 情感分析的理论研究不足

作为一个跨学科的领域，情感分析得到学术界和企业界的广泛关注，相关的专题研讨会也在定期举办，如情感分析和智能交互会议、设计与情感国际研讨会等。这些会议聚集了管理学、信息科学、心理学、语言学等领域专家，有效推动了情感分析学科的发展。目前，已经产生一些情感分析应用系统。例如，戴夫（Dave，2003）研发世界上第一个情感分析工具，也是第一个针对产品评论区别其褒贬性的系统。伽蒙等（Gamon，2005）开发的系统可自动挖掘网上用户对汽车评价中的贬褒信息和强弱程度。刘等（Liu，2005）开发的观点挖掘系统可以处理网上顾客对产品的评价，对涉及产品各种特征的优缺点进行统计，并采用可视化方式对产品特征的综合质量进行比较。情感分析虽然成了研究的热点，并取得了一定的发展，但仍存在较多的缺失点和不足，主要有：

1.1.2.1 缺乏已标注的中文情感语料库

人工标注的情感语料库是进行情感分析技术研究的前提和基础，然而已有的已标注情感分析语料库主要集中在英文领域，包括新闻评论、餐饮评论、影视评论等方面，而中文情感分析语料库相对较少。因为缺乏公共语料库，方法的有效性难以得到验证，也难以进行研究结论之间的比较。因此，研究中文情感语料库的构建是有必要的。

1.1.2.2 中文在线评论的用户情感分析相对薄弱

现有的情感分析研究成果多是面向英文文本，由于中英文语言结构及中西方文化的差异，中文评论的情感流露方式具有特殊性和复杂性，已有的研究成果不能直接应用于中文情感分类。在中文文本领域，中文在线评论的用户情感分析相对薄弱，研究还处于起步阶段，具有相当大的研究价值和研究空间，因此针对中文在线评论进行研究是有必要的。

1.1.2.3 情感分类方法的分类准确率不高

这是情感分类存在的主要问题之一。分类准确率是情感分类效果的主要衡量因素，因此，研究如何提高准确率，准确率的影响因素有哪些等问题是有必要的。

1.1.2.4 针对不同属性进行细粒度情感分析存在不足

用户情感的表露错综复杂，常给出混合观点评论，肯定某方面，同时批评其他方面。如果将评论视为原子对象，就无法挖掘包含在评论中的细节信息。因此，对在线评论进行细粒度分析，识别在线评论的属性，并针对不同的属性进行情感分析是有必要的。

1.1.3 情感分析的应用研究不足

在线评论的情感分析对于客户管理、决策制定、舆情监控、风险控制等都具有重要的意义和价值。

1.1.3.1 客户管理

针对产品（服务）的在线评论是消费者根据自己对产品的使用情

况，从使用者的角度来描述产品属性和评价产品性能。所以与商家的促销相比，在线评论具有易存性、广泛性和非商业性，深得消费者信赖。普通消费者在购买某项产品或服务的时候，一般会参考之前使用者的评论信息，来获得对这项产品或服务的直接认识。德勤咨询调查显示，80%的消费者购物前会参考在线评论。因此，商家可以通过在线评论挖掘情感信息，以便向客户推荐商品，从而提高客户满意度。例如，根据产品的好评率向消费者推荐产品。

1.1.3.2 决策制定

商业组织同样需要在线评论。通过收集互联网上的在线评论并进行分析，能够更好地理解用户的消费习惯，可以进行更全面的客户体验管理和公司反馈管理，并且能够评价公司生产和销售策略的合理性，为公司更好地完善自己的产品，制定更符合用户的销售和生产策略提供帮助。深入挖掘在线评论，商家将更了解用户对产品的评价和需求，发现与竞争对手的差异，为产品改进、价格优化等提供决策依据。因此，在线评论已被商家视为品牌管理和网络营销的工具，其所引发的意识效应和说服效应不容小觑。

1.1.3.3 舆情监控

舆情是指在一定社会空间内，围绕中介性社会事件的发生、发展和变化，民众对社会管理者产生和持有的社会政治态度，它是人们关于社会中各种现象、问题所表现的信念、态度、意见和情绪等总和。网络因其开放性和虚拟性，已经成为民意表达的重要通道和空间。挖掘在线评论中民众的情感信息，可以更加及时地了解网络民意，获得民众的反应，为人民提供更好的服务。此外，针对突发事件，国家政府可以收集在线评论来找到最关键，民众呼声最高的问题，合理地疏导和解决，对社会的稳定发展有重要作用。

1.1.3.4 风险控制

论坛作为广泛使用的媒体，影响着人们对热门话题的观点，同时，人们参与话题的讨论，也引导着话题的发展方向。如在股票市场中，大众对股票的市场前景是否看好的讨论，会影响着更多关注者的决策行为，股评中的倾向性看法，会导致受众出现“羊群效应”，进一步导致股票的升值或贬值。因此，通过分析大众对股票是否推荐的判别，能够预测普通股民是否会决定购买该股票，从而预测到股票的走势。这种对未来趋势的预测方法除需要准确的情感判断以外，还需要更多的背景知识。

通过情感分析技术，可以挖掘出在线评论中的情感特征，并将情感特征应用到商品推荐、商业调查、风险控制、舆情监控等的相关研究中。然而在已有研究中，大都只局限于分析在线评论在电子商务（客户管理和决策制定）中的商业价值。例如，李（Li，2010）、任（Ren，2012）研究电子商务环境下在线评论对商家、用户的交易行为的影响。而对其他应用领域研究较少。此外，还存在研究方法单一问题。已有研究大都通过相关性分析，证明了在线评论情感和销售/定价之间是否相关，而如何采用已有情感给出未来市场的预测，则几乎是空白。因此有必要结合情感分析技术，进一步挖掘在线评论在其他领域的价值。

因此本书针对中文评论的特点，提出“提升在线评论的分类准确率，探索用户情感及其应用”这一科学问题，并设计“中文在线评论的用户情感分析及应用”这个题目。本书将对缺失的中文在线评论进行情感分析研究，并对研究过程中出现的相关问题进行探讨和创新，希望通过对上述问题进行卓有成效的研究，获取有意义的方法论和研究成果，为今后的进一步研究和实际应用提供有意义的方法和结论。

1.1.4 在线评论情感分析的研究意义

1.1.4.1 丰富了中文在线评论情感计算的理论研究体系

语言结构以及文化背景的特殊性，增加了中文在线评论情感分析的复杂性。中文在线评论的情感分析是情感计算领域的重要分支。针对中文评论的特点，提出“提升在线评论的分类准确率，探索用户情感及其应用”这一科学问题，是对情感计算这一新的研究领域的有益补充。

1.1.4.2 丰富了中文在线评论价值发现的应用研究体系

伴随着情感分析技术的逐步完善，已有学者从情感分析的角度，进行在线评论价值发现的研究。研究证明了在线评论中的确存在有价值的信息，然而该类研究刚刚起步，还存在许多不足，针对这些不足，采用情感分析技术和多种研究方法，探讨在线评论情感分析的应用价值，从而丰富在线评论价值发现的研究体系。

1.2 本书的逻辑思路与结构体系

1.2.1 本书的逻辑思路

本书从技术和应用两个角度，沿着“粗粒度情感分类→细粒度情感分析→情感分析应用”主线，由粗到细、由基础研究到实际应用，对“中文在线评论的用户情感分析及应用”进行了系统的研究，从而加强对在线评论的挖掘及其商业价值的研究。具体而言，包括以下三部分。

1.2.1.1 情感语料库构建

人工标注的情感语料库是进行情感分析技术研究的前提和基础，因为通过“实验结果（机器标注结果）”与“实际结果（人工标注结果）”的对比，从而分析实验所采用方法的优劣，是情感分析领域的通用处理方式。我国的情感语料库构建处在起步阶段，缺乏有针对性的大规模情感资源的支撑，影响着我国情感分析技术研究的发展。因此，我们根据国外语料库建设在收集语料、制定标注规范和质量监控等方面的经验，首先进行了情感语料库的构建。

1.2.1.2 情感分析技术

针对情感分析目的的不同，情感分析研究分为粗粒度（coarse-grained）与细粒度（fine-grained）两个层面。粗粒度情感分析的目的是获得针对某个产品/服务/事件的整体（粗）观点，如某一款手机是优还是差；细粒度情感分析的目的是获得针对产品/服务/事件的某个属性的具体（细）观点，如某一款手机的“性能”是优还是差，“外观”是美还是丑。本书粗粒度情感极性分类主要研究如何提高情感极性分类的准确率，细粒度情感强度分析主要研究提取产品“属性观点对”的方法，并根据所修饰的属性词“确定观点词的情感”。通过技术角度的研究，可以进一步完善情感分析技术。

1.2.1.3 情感分析应用

针对应用研究中的研究方法的单调性、研究领域的局限性，采用情感分析技术和多种研究方法，探讨情感分析技术在金融领域的应用，挖掘在线评论在金融领域的价值。通过应用角度的研究，可以丰富在线评论价值发现的研究体系。

具体工作如图 1.1 所示。

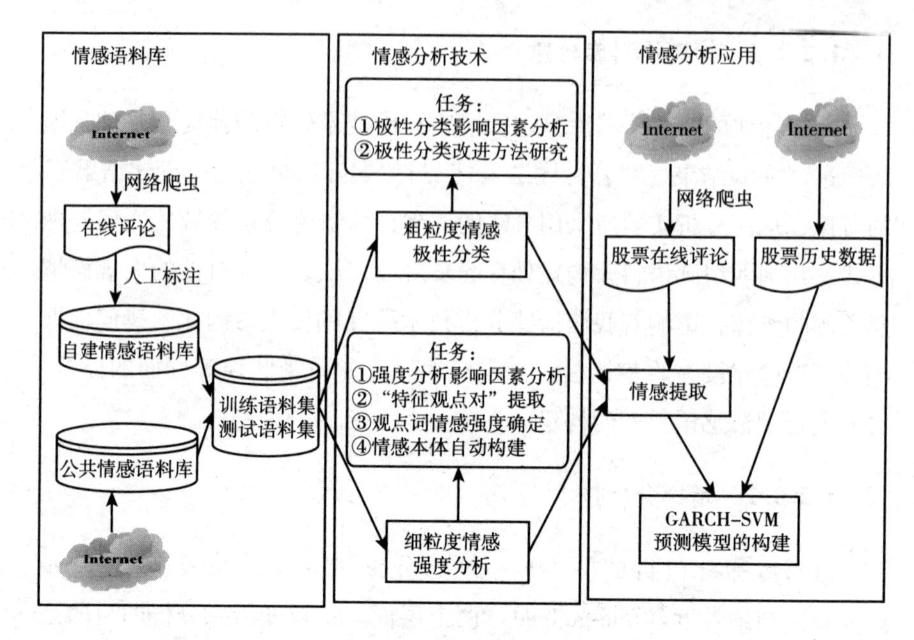

图 1.1 研究框架

1.2.2 本书的结构体系

全书共六章，第 1 章为绪论，第 2 章到第 6 章为本书的主要部分。第 2 章到第 6 章相互联系，构成一个较为完整的研究体系，如图 1.2 所示。本书的研究内容主要包括以下六部分。

第 1 章，绪论。介绍本书的写作背景，据此提出本书着手需要解决的问题，明确本书的研究范围；然后介绍了本书的研究思路和方法以及整体结构；最后系统地展示了本书的主要工作及研究成果。

第 2 章，在线评论情感分析的文献综述。本章对主客观文本分类、情感语料库构建、情感极性分类、情感强度分析、情感分析的商业价值几方面的研究现状与进展进行了总结，指出国内外现有研究的缺失点，从而为本书研究的必要性和重要性提供理论支持。

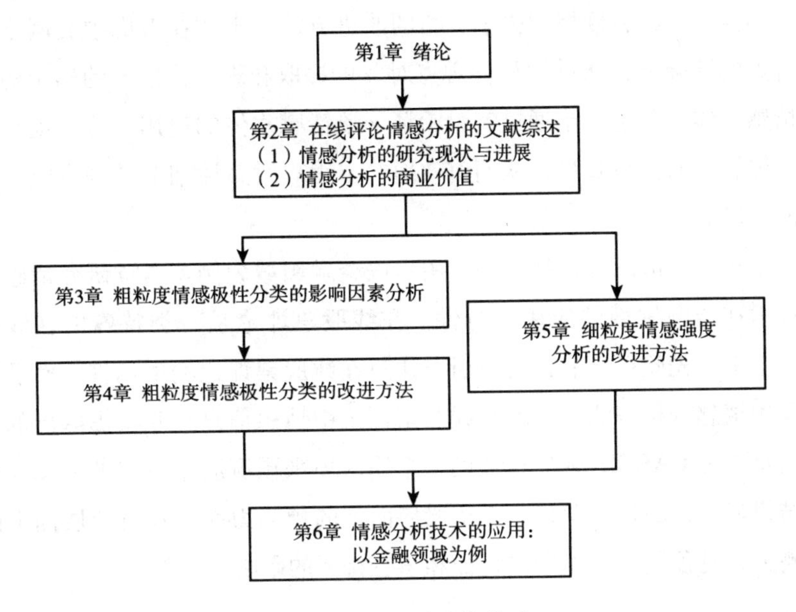

图1.2 本书的结构体系

第3章，粗粒度情感极性分类的影响因素分析。本章首先针对本书的研究任务，设计了情感极性分类的研究流程，并提出了可能影响分类准确率的若干因素。在此基础上，结合中文在线评论的特点，选取跨度较大的两个领域“手机——产品型语料”和“酒店——服务型语料”作为实验对象，采用机器统计学习方法，通过实验，分析和比较了特征数、特征选择、特征降维、语料级别等因素对情感极性分类效果的影响。

第4章，粗粒度情感极性分类的改进方法。第3章的实验结果显示，语料级别是影响分类准确率的主要因素，即段落级语料的分类准确率远低于句子级语料。因此，第4章基于句子级评论的特点和人们表达情感的习惯，创新地提出一种基于句子情感的段落情感值计算方法，该方法结合了句子级语料的高分类准确率的特点和不同位置句子情感贡献度不同的因素，显著地提高了段落级语料的分类准确率。

第5章，细粒度情感强度分析的改进方法。本章在考虑中文网络词汇特点的基础上，通过“属性观点对”的提取和观点词情感的确定构建了情感本体。并进一步通过实验验证了该情感本体的应用，可以提高针对具体属性的分析效果，从而有效地给出用户对属性细节的满意或不满意的态度。

第6章，情感分析技术的应用：以金融领域为例。本章研究情感分析技术在金融领域的应用可行性。在线股票评论是一类特殊的在线评论，本书首先验证已有情感分析方法对在线股票评论的适用性，然后通过采用情感分析方法，提取在线股票评论中情感信息，并将提取出的情感信息作为 GARCH-SVM 模型的一个输入项来预测股票价格的波动。研究结果显示，股评情感信息在个股层面上的预测力大于在行业层面上的预测力，且预测力受到股票特征和情感特征的影响。

1.3 本书的主要工作与创新点

本书从技术和应用两个角度，沿着“粗粒度情感分类→细粒度情感分析→情感分析应用”主线，由粗到细、由基础研究到实际应用，对“中文在线评论的用户情感分析及应用”进行了系统的研究，从而加强对在线评论的挖掘及其商业价值的研究。具体研究内容如下。

1.3.1 在线评论的情感分析研究综述

通过文献分析，首先对情感分析的基础性工作——情感语料库的构建进行总结，并将情感分析归纳为三类任务：主客观分类、情感极性分类和情感强度分析，最后对在线评论情感分析的商业价值进行了总结。

1.3.1.1 情感语料库构建

人工标注的情感语料库是进行情感分析技术研究的前提和基础，通过“实验结果（机器标注结果）”与“实际结果（人工标注结果）”的对比，从而分析实验方法的优劣。已有的情感语料库主要集中在英文领域，且已被众多学者应用到情感分析技术的实验分析中。然而国内中文情感语料库的建设工作还处于起步阶段。情感语料库的不足，缺乏有针对性的大规模情感资源的支撑，使之不能深入研究情感的表达方式，从而影响着我国情感分析技术研究的发展。

1.3.1.2 情感极性分类

情感极性分类的研究可以从粗粒度、细粒度两方面展开评述。为判别在线评论的整体情感倾向，进行粗粒度的情感极性分类。从研究领域上，粗粒度情感极性分类可以分为“领域内分类研究”和“跨领域分类研究”；从研究方法上，可以分为“基于统计自然语言处理”和“基于情感词语义特性”的方法；为判别在线评论中针对某一属性的情感倾向，进行细粒度的情感极性分类。将细粒度的情感极性分类的关键技术概括为属性提取、观点词提取、观点词情感确定，并对相关内容进行总结。

1.3.1.3 情感强度分析

情感强度分析的研究是随着网络应用的深入发展而出现的。通过对评论进行强度分析，可以为用户提供更为详细的信息。分别从多分类方法、回归方法、序列标注方法三方面总结了国内外研究现状，为情感强度分析提供了轮廓，并指出了今后的研究方向。

1.3.1.4 在线评论的商业价值

近年来，在线评论引起了各个学科的广泛关注，如信息技术、管理科学、经济学等。为研究对在线评论进行情感分析的商业价值，对网络社区和电子商务环境下在线评论对商家、用户的交易行为的影响进行整理和评述，并指出已有研究的不足和今后的研究方向。

1.3.2 粗粒度情感极性分类的影响因素分析

分类准确率是情感分类效果的主要衡量因素。为提高情感分类的准确率，分类准确率的影响因素研究成为首要解决的问题。已有研究显示，采用统计方法进行情感分类的研究中，分类算法相对成熟，特征项的选择、降维等方面的研究存在争议和不足，且在已有研究中，对其他影响情感分类结果的因素鲜有考虑，如语料的级别，未对语料的级别进行区分，使得研究结论无法追溯到语料的级别，从而影响了相关研究的借鉴价值。

第 3 章结合中文在线评论的特点，选取跨度较大的两个领域“手机——产品型语料”和“酒店——服务型语料”作为实验对象，采用基于统计自然语言技术的机器学习方法，将中文在线评论作为一个整体进行情感极性分类。通过实验，分析和比较了特征数、特征选择、特征降维、语料级别等因素对情感分类效果的影响。

1.3.2.1 语料库构建

对原素材（在线评论）进行人工情感标注，从而构建“情感语料库”，是进行情感分析研究的重要前提和基础。因为为比较情感分析方法的优劣，理论界的通用做法是在人工标注的情感语料上进行实验，并将“实验结果（机器标注结果）”与“实际结果（人工标注结果）”进行对比，从而分析实验所采用方法的优劣。

具体而言，已标注情感语料库在第 3 章的研究中共有三个作用：作用一：选择部分已经人工标注的情感语料作为训练集，训练机器学习模型，并采用训练好的机器学习模型，对待分类语料的情感极性进行自动预测；作用二：将待分类语料的"预测结果（机器标注结果）"与"实际结果（人工标注结果）"进行对比，从而分析实验所采用方法的优劣；作用三：通过训练语料抽取表示文本的特征项。已标注情感语料库在第 4 章的研究中共有三个作用：作用一：根据训练语料的统计数据，计算位于段落不同位置的句子的情感极性贡献度；作用二：选择部分已经人工标注的情感语料作为训练集，训练机器学习模型，并采用训练好的机器学习模型，对待分类语料的情感极性进行自动预测；作用三：将待分类语料的"预测结果（机器标注结果）"与"实际结果（人工标注结果）"进行对比，从而分析实验所采用方法的优劣。已标注情感语料库在第 5 章的研究中有一个作用：将测试语料的"属性观点对"识别结果与"实际结果（人工标注结果）"进行对比，从而分析实验所采用方法的优劣。

因为我国国内公共语料库的不足，我们在研究中采取"公共语料库"和"自建语料库"相结合的方式进行实验，以提高实验的鲁棒性和可靠性。自建情感语料库是一项长期而复杂的任务，从收集语料，制定标注规范，到完成语料加工，每一步都要既确保速度，又确保标注质量，我们根据国外语料库建设在收集语料、制定标注规范和质量监控等方面的经验进行语料库构建工作。首先使用 PHP 语言实现网络爬虫，并由接受了评价理论和多参数标记规范培训的标注人员语料标注，为对标注语料进行质量监控，我们通过计算 kappa 统计量对标注语料进行一致性检验。

1.3.2.2 特征项选择

选取词性、词性组合、N－gram 作为情感文本的潜在特征项，利用文档频率法对特征项实施降维处理，采用布尔权重法构建特征向量，并采用支持向量机（SVM）分类器进行在线评论的情感分类。最后，以手机在线评论和酒店在线评论为对象进行实验分析，结果表明：选用名词、动词、形容词和副词（NVAA）作为特征项时的分类准确率优于选用 N－gram 时，且选用 N－gram 作为特征项，分类准确率随着阶数的增加而下降，即 1－gram＞2－gram＞3－gram，其中 1－gram 与 NVAA 的分类准确率接近。鉴于 N－gram 具有不需要对文本内容进行语言学处理等优点，可在实际应用中选用 1－gram 作为特征项。同时发现，选取训练语料和特征项的数量对分类效果也有显著影响，但并非数量越多准确率越高。

1.3.2.3 特征项降维

选取形容词、副词、动词和名词四种词性的各种组合作为情感文本的潜在特征项，分别利用文档频率、信息增益、χ^2 统计量以及互信息，对特征项实施降维处理，采用布尔权重法构建特征向量，并采用 SVM 分类器进行在线评论的情感分类。最后，以手机在线评论和酒店在线评论为对象进行实验分析，结果表明：不同降维方法的分类准确率不存在显著差异。但因为文档频率法（DF）方法简单易行，可扩展性好，适合超大规模文本数据集的特征降维，所以在实际应用中，可采用 DF 法进行特征降维。

针对句子和段落两种级别的语料的实验结果的比较可知，语料的级别对分类准确率的影响较大。采用上述方法，针对句子级别进行分类，准确率最高可达 96%，已经能满足现实商务系统的应用要求；针对段落级别进行分类，准确率最高可达 86%，因此有必要探讨更有效的方法以提高段落级语料的准确率。

1.3.3 情感极性分类的改进方法

句子级评论精确度可以达到96%，而段落级评论研究的精确度为86%左右，两者有较大的差距。正如在第3章所指出的，这主要因为段落级的评论随着语料长度增加，信息量增大，噪声增多，情感表达也更复杂，给分类器模型预测造成了很大困难。考虑到任何段落都是由句子构成，那么能否将复杂的段落简单化，分割成句子进行分类，然后再汇总成一个段落进行评分给段落一个极性呢？因此在第4章，本书试图基于句子级别的情感分类对段落进行判断。

为提高段落级中文在线评论的情感极性分类准确率，对研究对象进行细化。以句子为单位将整段评论进行划分，在考虑人们表达习惯和语料级别的基础上，提出一种基于句子情感的段落情感极性分类方法。该方法通过“句子的情感极性”和“句子的情感极性贡献度”来对评论进行情感分类，采用第3章分类方法预测句子的情感极性，提出等权重、相关度、情感条件假设3种方法，能够根据训练语料的统计数据动态地确定段落中不同位置句子的情感极性贡献度。最后，以超过2个句子的手机和酒店这两类不同领域的中文在线评论为对象进行实验分析，实验结果显示，与传统方法相比，考虑了人们表达习惯的相关度和情感条件假设方法显著提高了情感极性分类的准确率，且具有一定的自适应性。同时发现，中文在线评论的情感极性分类中，从句子级到段落级的分类方法比单纯的段落级分类方法能获得更好的效果。

1.3.4 细粒度情感强度分析的改进方法

用户的情感表露错综复杂，常常针对其所关注的一个或多个产品属性发表混合观点评论，既肯定某方面，同时又在批评其他方面。在实际应用中，我们往往既需要获得用户对产品的整体观点，又需要获得针对具体属性的细节观点。因此在第5章，我们将针对具体属性进行细粒度的情感分类。在考虑中文网络词汇特点的基础上，通过产品属性与观点对的识别、观点词情感的确定构建了情感本体。并进一步通过实验验证了，该情感本体的应用，可以提高针对评论具体属性的分类准确率，从而有效地给出用户对产品属性细节的满意或不满意的态度。

1.3.4.1 “属性观点对”识别

针对中文在线产品评论进行研究，对评论中的基本评价单元——“属性观点对”实现有效识别与提取，为进一步挖掘工作打下坚实的基础。由于中文评论的口语化严重，且语法不规范，增大了评论挖掘的难度。鉴于中文评论的这些特点，英文评论挖掘的方法无法直接应用到中文评论中。根据中文在线评论的特点，从使用的词汇及词汇间的语义关系入手，提出一种基于语义词库的识别方法。通过在手机评论上进行的实验，结果显示，本书提出的方法在准确率、召回率和调和评价值上都高于传统的统计方法，且相对于传统的语义方法，具有自动化程度高，可移植性强的优点。

1.3.4.2 观点词情感的确定

已有的词汇情感判断方法，大多基于情感词典，这类方法存在诸多不足。例如，不适合判断情感随语境变化的词语的情感，如“手机电池可以使用很久”和“开机时间很久”，前者的“久”表达肯定情感，后者的“久”表达否定情感；无法覆盖新出现网络词汇，如“手机总死机”中的“死机”是已有情感词典中不包括的新词汇，但表达了明显的否定情感；对否定词和程度副词处理缺乏足够的理论依据。已有的方法对否定词的处理多是直接将情感强度取反，对程度副词则乘以固定的数值，进而求出情感强度，这种方法是否准确有待考证。为此，在考虑中文网络词汇特点的基础上，第5章提出一种基于模糊统计的观点词情感强度确定方法。首先根据已有在线声誉系统特点，将用户的情感强度划分若干级别。考虑到观点词情感强度的模糊性，为每个情感强度设置隶属度函数。在此基础上，通过模糊统计确定观点词情感强度。并通过手机评论进行实验分析，实验结果显示，观点词的隶属度具有集中性和稳定性；否定词不但改变观点词的极性，还弱化观点词的情感强度；程度副词强化观点词的情感强度，但被修饰观点词的情感强度越大，程度副词对该词的强化程度越小。

1.3.5 情感分析技术的应用：以金融领域为例

已有研究表明在线评论的数量及其情感与产品销量及其价格有显著相关性，且这种相关性随时间发生变化，这说明在线评论中的确存在有价值的情感信息。通过情感分类技术，可以有效提取在线评论中的情感，并研究其商业应用，然而该类研究刚刚起步，还存在以下不足：第一，研究领域局限性。已有研究只局限在电影票房、图书销售、电子产品销售等几个领域，而伴随着情感分析技术的完善，应有更广阔的应用空间。第二，研究方法和研究结论的有限性。已有研究方法和研究结论有限，大都通过相关性分析，证明了在线评论情感和销售/定价之间是否相关，而如何采用已有情感给出未来市场的预测，则几乎是个空白，而有效的预测才是该类研究的最终目的和价值所在。

鉴于以上问题，我们选择金融领域，研究情感分析技术在金融领域的应用可行性，挖掘在线评论在金融领域的价值。在线股票评论是一类特殊的在线评论，我们首先验证已有情感分析方法对在线股票评论的适用性，然后通过采用情感分析方法，提取在线股票评论中的股评情感，并根据该情感和 GARCH – SVM 模型进一步对金融市场进行研究。研究显示，通过情感分析技术，从在线股评信息中提取股评情感，并采用提取出的股评情感和 GARCH – SVM 模型进行股票价格的预测是可行的。且股评情感在个股层面上的预测力大于在行业层面上的预测力，且预测力受到股票特征和情感特征的影响。

1.3.6 本书的创新点

本书针对中文评论的特点，提出“提升在线评论的分类准确率，探索用户情感及其应用”这一科学问题，并设计“中文在线评论的用户情感分析及应用”这个题目。本书从技术和应用两个角度，沿着“粗粒度情感分类→细粒度情感分析→情感分析技术的应用”主线，由粗到细、由基础研究到实际应用，对“中文在线评论的用户情感分析及应用”进行了系统的研究，并对研究过程中出现的相关问题进行探讨和创新，希望通过对上述问题进行卓有成效的研究，获取有意义的方法论和研究成果，为今后的进一步研究和实际应用提供有意义的方法和结论。主要创新点包括：

1.3.6.1 句子情感贡献度计算方法

基于句子情感的段落情感极性分类方法中，通过句子的情感极性和句子的情感贡献度来对段落进行情感分类。我们提出等权重、相关度、情感条件假设 3 种方法，能够根据训练语料的统计数据动态地确定段落中不同位置句子的情感贡献度。以手机和酒店在线评论为对象进行实验分析，实验结果显示，与传统方法相比，考虑了人们表达习惯的相关度和情感条件假设方法显著提高了段落分类的准确率，且具有一定的自适应性。

1.3.6.2 观点词情感量化方法

根据已有在线声誉系统特点，将用户的情感强度划分若干级别。考虑到观点词情感强度的模糊性，为每个情感强度设置隶属度函数。在此基础上，通过模糊统计确定观点词情感强度。并通过手机评论进行实验分析，实验结果显示，观点词的隶属度具有集中性和稳定性；否定词不但改变观点词的极性，还弱化观点词的情感强度；程度副词强化观点词的情感强度，但被修饰观点词的情感强度越大，程度副词对该词的强化程度越小。

1.3.6.3 股票价格波动预测方法

基于情感分析视角，结合机器学习（SVM）和计量经济（GARCH）两种范式，提出 GARCH-SVM 模型。并将提取出的在线股票评论中的情感信息作为 GARCH-SVM 模型的一个输入项来预测股票价格的波动。研究结果显示，通过情感分析技术提取股评情感，并将其作为 GARCH-SVM 模型一个输入项来预测股票价格的波动是可行的，股评情感信息在个股层面上的预测力大于在行业层面上的预测力，且预测力受到股票特征和情感特征的影响。

第2章　在线评论情感分析的文献综述

在已有的研究中，佩卡尔（Pekar，2008），姚天（2008）指出情感分析也被称为意见挖掘。为了表述一致，本书统称为情感分析。情感分析涉及多个领域，如自然语言处理、人工智能、计算语言学、自动文本分类、信息检索、文本挖掘、心理学等。陈博（2008）指出，情感分析不同于传统的基于主题自动文本分类，后者分类的依据是文本的主题，如是属于体育类还是军事类，而情感分析主要用来判别自然语言文字中表达的观点、喜好以及与感受和态度等相关的信息。由于自然语言文字是以非结构化形式存在的，因此对自然语言文字进行情感分析是一个复杂的过程，包括主客观分类、情感极性分类、情感强度分析。见图2.1。

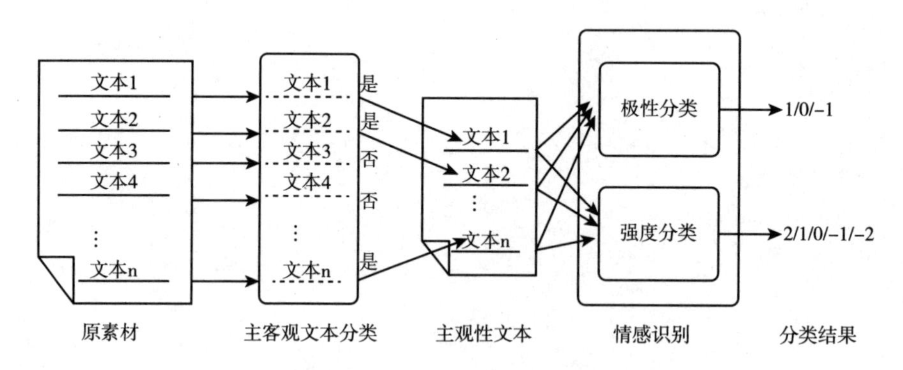

图2.1　情感分类的主要过程

图2.1描述了从原素材到得出情感结果的整个情感分析过程。图中原素材中的文本可以是句子或者是整篇文章，它们所对应的分析任务分别为句子情感分析和文档情感分析。为了减少干扰，提高情感分析的精度，首先要对文本进行主观性识别，即主客观文本分类。只有带有主观色彩的文本才会蕴含着作者的情感，所以情感识别的对象是主观文本。情感识别分为极性分类和强度分析两个任务。极性分类是识别主观文本的情感是正面的赞赏和肯定、负面的批评与否定还是中立的情感，在分类实验中，分别以1、-1、0表示。而强度判别则是判定主观文本情感倾向性强度，比如强烈贬抑、一般贬抑、中立、一般褒扬、强烈褒扬五个类别。由于在线评论由网络用户发表，体现的是主观情感，所以在线评论的情感分析主要包括极性分类和强度分类。

在整个情感分析过程中，还涉及分类前的预处理技术，包括分词、词性标注、平滑、停用词和缩词的处理等语言处理技术，这些技术相对成熟，其相关研究不再赘述。

2.1　主客观分类

维贝（Wiebe，1994）指出，所谓"主观性"是指在自然语言中用来表达意见和评价的语言特性。主观性文本表达的是说话者对某人、某物或某事的态度和看法，包含个人的主观情感色彩。与之相对应的客观性文本则描述客观存在的事实，不包含个人的情感。在表述上，主客观文本也有明显的差异，客观性文本通常采用比较正式的陈述句，而主观性文本因为强调自我表达，表述上比较自由，偏口语化，比如"这款手机酷毙啦!"。

主客观分类研究已经展开，并应用在信息检索和信息抽取等领域。维贝等很早就对主客观文本分类问题进行了研究。维贝（1999）将某些词类（代词、形容词、基数词、情态动词和副词）、标点和句子的位置作为特征值，设计了针对句子级别的 NB 分类器，进行主客观文本分类。在此基础上，维贝（2000）又将某些词性和基于词典的语义词作为特征项，显著提高了分类器的分类效果。维贝（2002）还针对基于篇章层面的分类方法进行了研究。通过计算每篇文档中出现的主观性词语数量，用 k－最近邻算法（KNN）分类器来判断篇章的主客观性，取得了较好效果。于（Yu，2003）等利用三种统计方法进行主客观句的识别研究，包括相似性方法、朴素贝叶斯（NB）分类和多重 NB 分类。其中 NB 分类器在原有研究的基础上采用词、2－gram、3－gram 和词类、具有情感倾向的词序列、主语和其直接修饰成分等作为特征项，对主观句识别的查准率达到 80%，查全率达到了 90%。

庞（Pang，2004）和李（Li，2004）将句子间的情感联系作为分类的一个重要因素，用最小图割（minimum cuts）的方法来寻找上下文语句的关系以提高分类精度。它的划分原理是使成本公式最小：$\sum_{x \in C_1} ind_2(x) + \sum_{x \in C_2} ind_1(x) + \sum_{x_i \in C_1, x_k \in C_2} assoc(x_i, x_k)$，其中 x 是句子，C_i 是类别，$ind_j(x_i)$ 指单根据 x_i 的特征将其划分为 j 类的偏好得分，$assoc(x_i, x_k)$ 指 x_i 和 x_k 属于同一类的得分。

中文语境下主客观文本分类具有一定的复杂性，而且对中文主观性文本的判别起步较晚，大多数研究都是人为抽取主观性文本。

林斌（2007）将影视内容介绍和影视评论分别视为客观文本和主观文本，采用互信息量（MI）计算影视评论中每个词语的互信息量，并由大到小排序，取最靠前的 275 个词语，并将它们两两组合，再计算每对组合在影视评论中的互信息量，最后得到“我想”“我应该”等具有主观倾向的 75 个词语组合，并将其用于句子主客观性的判断，总体的准确率达到了 78.42%。叶强和张紫琼（2007）等提出一种根据连续双词词类组合模式（2－POS）自动判别句子主客观性程度的方法。首先在

2－POS语言模型的基础上，利用统计量法（CHI）提取中文主观文本词类组合模式，利用这些组合模式给每个句子赋以主观性得分，将得分高于设定阈值的句子判定为主观性文本。实验表明，当阈值为0.12时，主观文本的分类查准率和查全率能达到76%。

另外，一些研究将主客观分类和褒贬情感分类同时看作三分类问题，将文本分成为“褒义”“贬义”“客观”。前两类归为主观文本，后者视为客观文本。王根和赵军（2007）指出这种观点忽略了两个任务所用特征的不同，将主客观和褒贬极性的特征夹杂在一起，影响了分类效果。

本书认为，主客观分类中的“客观”类和情感分类中的“中立”类是两个不同概念。比较下面两句话：“这部电影耗资两亿，将于明天在上海新世纪影城上演首映”；“这部电影整体上还算四平八稳，跟我的预期有点差距，但也不算失望”。前一句是陈述客观事件，是客观文本。而后一句显然是作者的主观评价，却不带有明显的褒或贬。因此对它的分类过程是：首先将其归为主观性文本，然后通过情感分析再归为情感类别中的“中立”类。如果将双分类任务看成一个多分类问题的话，会错误地把带有主观性但情感倾向不明显的文本分类为客观性文本，影响情感分类的科学性。

2.2 情感语料库的构建

对原素材（在线评论）进行人工情感标注，从而构建“情感语料库”是进行情感分析研究的重要前提和基础。因为为比较情感分析方法的优劣，理论界的标准做法是在人工标注的情感语料上进行实验，并将“实验结果（机器标注结果）”与“实际结果（人工标注结果）”进行对比，从而分析实验所采用方法的优劣。因为情感分析是模仿人的分类过程，实验的最终目的是无限接近人的分类结果。以情感语料库为基础，可以训练文本情感识别模型，从事情感词汇本体的自动学习和统计情感迁移规律等研究。

在情感分析研究中，情感语料库主要有以下两个作用。作用一：选择部分情感语料训练机器学习模型，并采用训练好的机器学习模型，对“待分类语料”的情感极性进行自动预测。作用二：将“预测结果（机器标注结果）”与“实际结果（人工标注结果）”进行对比，从而分析实验所采用方法的优劣。

通过在已标注情感语料库上进行实验研究，可以达到以下两个目的：第一，增强实验结果的鲁棒性。为增强情感分析实验结论的鲁棒性和可靠性，一般需要选择不止一个领域的情感语料进行实验。通过实验所得结果，探讨某种情感分析技术的优劣。情感分析领域通用做法是在公共语料库和自建语料库上同时进行实验。第二，增强实验结果的可对比性。提出一种创新的情感分析方法时，可以将自己的方法与其他研究学者的方法在公共语料库上进行对比，以验证创新方法的情感分析效果。

因为“实验结果（机器标注结果）”需要与“实际结果（人工标注结果）”进行对比，所以语料库的标注程度和精确度直接影响情感分析结果的准确度和可信度，所以情感语料库构建非常关键。

目前公共情感语料库多以英语情感语料为主，国外的情感语料库主要有庞（Pang，2002）的影评语料库、康奈尔大学贝拉尔迪内利（Berardinelli，2009）的电影评论语料库、伊利诺伊大学芝加哥分校胡（Hu，2004）和刘（Liu，2004）提供的产品领域的评论语料（包括数码相机、手机、MP3 和 DVD 播放器）、维贝（2005）等开发的包含不同视角的新闻评论库和麦克唐纳（Macdonald，2006）的博客数据库。迄今为止，英语情感语料库的建设和人工标注呈现多体裁、多层面、多理论和多方法性等特征，且已被众多学者应用到情感分析技术的实验分析中。

国内中文情感语料库的建设工作还处于起步阶段，主要有清华大学杨（Yang，2006）标注的有关旅游景点描述的情感语料库；大连理工大学徐琳宏（2008）等建立的记叙文体情感语料库；哈尔滨工业大学赵妍妍（2011）等在数码相机领域构造的含有20000个情感句的无人工标注大规模语料库；中国科学院计算技术研究所的谭松波（2010）博士提供的关于酒店的中文情感语料库。

中文情感语料库的不足，缺乏有针对性的大规模情感资源的支撑，使得不能深入研究情感的表达方式，从而影响着情感分析技术研究的发展。另外，情感语料库的构建可以为各种产品推荐系统、评价信息挖掘系统、智能决策系统、检索工具等提供第一手数据资料和实践基础。因此，有必要根据国外情感语料库在收集语料、制定标注规范和质量监控等方面的构建经验，构建中文情感语料库。

2.3　情感极性分类与情感强度分析

2.3.1　情感类型的相关研究

人的主观性情感是复杂多变的，目前仍没有统一的情感分类标准。

菲利普（Philipp，2003）将人类的情感划分成6种基本类型，即愤怒、厌恶、恐惧、欢乐、悲伤和惊喜。

崔大志等（2010）借鉴以往心理学界对情感的分类，综合消费心理学、市场营销学等相关知识，将情感分为7大类（忠、乐、怒、哀、惧、恶、惊），并细分为26小类。

陈建美（2009）基于现有的情感词汇资源，将情感分为7大类

（乐、好、怒、哀、惧、恶、惊），20小类。

霍尔兹曼（Holzman，2003）等将网络聊天中的情感分为8类（中立、愤怒、悲哀、害怕、厌恶、快乐、讽刺、惊喜）。

言（Yan，2008）等利用HowNet建立了情感本体，包含5500个动词和113种不同的情感类别。

尽管对情感类型的划分缺乏统一的标准，但在线评论的情感分类是为了识别用户的观点是“赞同”还是“反对”、态度是“肯定”还是“否定”，因此只涉及正面和负面两种情感极性（或倾向）。本书针对正面和负面两种情感极性，分别从粗和细两种粒度，对情感极性分类的相关工作展开评述。

2.3.2 粗粒度的情感极性分类

在线评论的粗粒度情感极性分类是通过对非结构化的网络评论进行分析，自动将其判断为正面评价或负面评价，从而识别消费者的观点是“赞同”还是“反对”、态度是“肯定”还是“否定”，进而得到整体的情感倾向。粗粒度情感极性分类，从研究领域上，可以分为“领域内分类研究”和“跨领域分类研究”。从研究方法上，可以分为“基于统计自然语言处理”和“基于情感词语义特性”的方法。

2.3.2.1 跨领域分类研究

粗粒度情感极性分类从研究领域上可以分为“领域内分类研究”和“跨领域分类研究”。领域内分类主要研究情感分类方法在领域内的分类效果，跨领域分类主要研究如何实现该分类方法的跨领域移植。领域内研究包括“基于统计自然语言处理”和“基于情感词语义特性”两种方法，在后面两小节具体介绍。本节首先对跨领域分类研究的内容进行总结。

传统的分类学习算法要求训练语料与测试语料的词汇分布相同，不同的领域中，表达情感的词汇往往差异很大。例如，手机评论中“这款手机总死机”，这里“死机”表达了一种负面的情感倾向，酒店评论中，“房间的空调开得太大了，一晚上都很冷”，这里的“冷”也表达了一种负面的情感倾向。但是“死机”一般不会出现在酒店评论中，“冷”一般也不会出现在手机评论中。再例如，酒店评论中，“这个房间很大”的“大”表达一种正面的情感，手机评论中，“这个手机又大又重”的“大”表达了一种负面的情感。

因为表达情感的词汇相差大，一个领域内训练出的情感分类模型往往不能直接应用于其他领域，所以情感分析有很强的领域性。为获得较好的分类效果，需要为每个领域建立人工标注的情感语料库，并从中选取训练语料训练分类模型。然而情感语料库的不足、已有的标注数据的数据量有限、自建语料库的标注所需大量人力、时间等问题，制约着分类模型的训练效果，所以有研究者考虑能否使用一个领域中的训练语料，对其他多个领域的产品评论进行情感分类。这个问题就是跨领域情感分类问题。

谭（Tan，2007）等人尝试着将使用非目标领域的标注数据训练的分类器与目标领域的非标注数据相结合的算法进行跨领域情感分类。首先使用非目标领域的训练器（Old－Domain－Classifier）对目标领域的数据进行分类，然后从分类结果中，挑选出分类可信度最高的N个文本，加入训练数据中，然后重新训练分类器。这一过程可以进行多次迭代。他们通过实验证明，在解决跨领域问题的时候，这一算法可以有效地提高分类精准度。

里德（Read，2005）等人提出使用通用的情感词文本作为训练数据，可以在一定程度上克服情感分类的领域依赖性。奥厄（Aue，2005）提出，在进行跨领域分类的时候，可以对分类特征空间进行限制，去除掉非分类目标领域中的分类特征，只保留目标领域中的分类特征，以此来提高跨领域分类的准确度。

张（Zhang，2008）提出了迭代加强的迁移分类算法，用于提高跨领域文本分类的精准度。吴琼（2010）等提出一种算法，将文本的情感倾向性与图排序算法结合起来进行跨领域倾向性分析，该算法在图排序算法基础上，利用训练域文本的准确标签与测试域文本的伪标签来迭代进行倾向性分析。得到迭代最终结果后，为充分利用其中倾向性判断较为准确的测试文本来提高整个测试集倾向性分析的精度，将这些较准确的测试文本作为“种子”进一步通过 EM 算法迭代进行跨领域倾向性分析。

以上研究表明，跨领域研究在粗粒度分类方面已经取得了值得肯定的研究成果。且一个领域内的情感分类的有效性是“跨领域研究”的先决条件，因此，本章的研究重点是“领域内分类研究”，即训练语料和预测语料为同一个领域时，进行粗粒度情感极性分类，也就是说需要预测的语料为酒店领域时，训练学习模型的语料也为酒店领域；需要预测的语料为手机领域时，训练学习模型的语料也为手机领域。

2.3.2.2 基于统计自然语言处理的方法

基于统计自然语言处理的方法，采用向量空间模型表示文本，并利用机器学习方法判断情感类别。情感极性分类的基本过程如图 2.2 所示，即经过预处理、文本表示（特征项选择、特征项降维、特征项权重设置）、分类器处理，最终得到一个有关情感类别的输出。

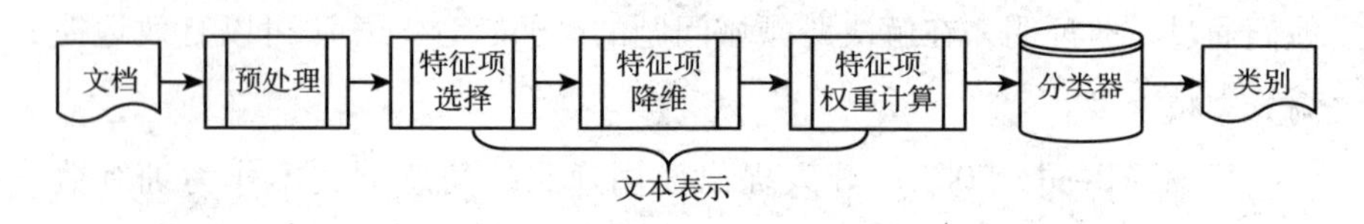

图 2.2 情感极性分类的流程

其中，向量空间模型（vector space model，VSM）是一种有效的文本表示方法。基本过程是：对文本进行分词处理，然后根据训练样本集生成特征项的序列 $T=T\ (t_1,\ t_2,\ \cdots,\ t_n)$，再根据 T 对训练样本集和测试样本集中的文档进行赋值，生成向量 $D=D\ (t_1,\ w_1,\ t_2,\ w_2,\ \cdots,\ t_n,\ w_n)$，简记为 $D=D\ (w_1,\ w_2,\ \cdots,\ w_n)$。其中 w_k 为特征项 t_k 的权重。VSM 模型涉及三个问题：特征项选择、特征项降维和特征项权重计算。

（1）特征项选择。特征项选择，即选取什么语义单元作为特征项，这是决定情感极性分类效果的重要因素。特征项既要真实地反映文档的情感信息，也要对不同文档有较强的区分能力。已有一些研究选取词、词的组合、N－gram 等作为特征项，但对其分类效果存在较大争议。

选取词或词的组合作为特征项。选取词或词的组合作为特征项，即把文本简化为 BOW（bag of words）。特尼（Turney，2002）提出 5 个包含形容词或副词的词性组合识别语言情感。马伦（Mullen，2004）等将特尼提出的情感词 5 种组合模式所提取出来的词组称为价值词组（value phrases），然后利用 WordNet 计算出所有形容词的 EVA（evaluative）、POT（potency）和 ACT（activity）值，将这 3 个值和价值词组的 SO 值（semantic orientation）一起作为特征项，最后采用 SVM 分类器进行分类，实验结果表明该方法的分类效果好于以前的方法。徐军（2007）等利用朴素贝叶斯和最大熵方法对新闻语料进行情感分类研究。实验结果显示，选择形容词和名词作为特征项时，具有较高的分类准确率，且分类性能明显好于只选择形容词。周杰（2010）等对网络新闻评论的特点进行了归纳总结，并在此基础上选取不同的特征集、特征维度、词性进行分类测试，研究结果显示，名词和动词的分类效果好于形容词和副词。王洪伟（2012）等采用 SVM 分类器对手机评论语料进行研究，实验结果显示，将名词、动词、形容词和副词（NVAA）一同作为特征项，情感分类的效果最佳。

选取 N－gram 作为特征项。一些研究通过 N－gram 项表示被 BOW 忽略的语义信息，但对于 N－gram 项的效果还存在争议。庞（Pang，

2002）等分别以词频作为权重的 Unigrams、以布尔值作为权重的 Unigrams、Bigrams、Unigrams + Bigrams、最前面 2633 的 Unigrams 等作为情感特征项。实验表明，使用布尔值作为权重的 Unigram 作为特征的分类效果最好，使用 Bigram 作为特征不能达到预期的分类精度。而库伊（Cui，2006）等指出庞的研究语料较小，无法体现 N - grams（N≥3）的优势。然后分别令 N 取 1、2、3、4、5、6，实验对比显示，高阶 N - gram项能够提高情感分类精度。张（Zhang，2011）采用 NBC 和 SVM 分类模型，选取 N - gram 作为情感特征项，对餐饮评论进行情感分类。结果显示，分类模型和特征项选择共同影响分类效果，其中，Bigram 的分类效果好于 Unigram 和 Trigram。

选取句法结构作为特征项。一些研究将句法结构特征作为特征项进行情感极性分类。伽蒙（Gamon，2004）采用微软开发的 NLPWin 自然语言处理系统，对情感文本进行句法结构分析，在此基础上提取相关特征，以验证句法分析得到的特征对分类是否有帮助。伽蒙在 Unigram + Bigram + Trigram 项的基础上，加入句法结构相关特征进行实验，实验结果显示 SVM 的分类精度有所提高。

（2）特征项降维。文本经分词处理得到词汇集（以单词或短语形式存在），即使除去功能词及停用词，词汇数量依然庞大，也就是特征空间的维度很大。分类算法的复杂度会随着特征空间维度的增加而指数倍地增加，这给分类算法带来挑战。因此，剔除特征集中不能有效反映类别信息的特征，对特征空间实施降维，可以缩短训练时间，提高分类精度。

特征项降维方法有：文档频率法（document frequency，DF）、信息增益法（information gain，IG）、统计量法（chi-square statistic，CHI）、互信息法（mutual information，MI）、期望交叉熵法（expected cross entropy，ECE）、文本证据权法（the weight of evidence for text，WET）、优势率法（odds ratio，OR）等。这些方法的基本思想都是针对每个特征计

算某种统计度量值，再设定阈值 T，把度量值小于 T 的特征过滤掉，剩下的就是能对文本有效表征的特征。已有一些针对特征降维方法的研究，但其分类效果存在较大争议。

谭（Tan，2008）等从教育、电影、房产三个领域中提取出1021条语料，对MI、IG、CHI、DF四种特征降维方法进行比较。实验结果显示，不同的降维方法对分类效果具有不同的影响，即 IG > CHI > DF > MI。

唐慧丰（2007）等人采用MI、IG、CHI和DF四种特征降维方法，在不同的特征数量和不同规模的训练集情况下进行实验。结果表明，采用IG方法的情感分类效果较好，这是因为IG不但考虑类别信息，还考虑低频词对分类结果的影响。

姚（Yao，2011）等对DF、MI、CHI和IG进行比较，实验结果显示，DF方法的分类效果较好，同时发现MI方法不适用于情感特征项的降维。

（3）特征项权重计算。特征项权重计算方法有布尔权重、绝对词频（TF）、倒排文档频度（IDF）、词频－逆文档频率（TF-IDF）、归一化的词频－逆文档频率（TFC）等。

庞（Pang，2004）等采用布尔权重法进行实验，情感分类准确率达到82.9%，优于其他权重设置法。这是因为语言的褒贬倾向主要取决于正面或负面词语在语言中是否出现，而不是出现的次数。大多数情况下，带有情绪信息的特征项出现几次并不重要，重要的是它是否出现，在哪个类别中出现。

（4）分类算法——分类器的选择。文本分类常用的分类器包括支持向量机（support vector machines，SVM）、最大熵（maximum entropy，ME）、朴素贝叶斯（naïve Bayes，NB）等。已有研究表明，SVM的分类效果较好，尤其在训练样本有限的情况，效果优于其他分类器。为此，SVM也成为情感分析首选的分类器。

夏（Xia，2009）以虚拟社区中的旅馆评论为语料库，使用 SVM 进行情感分类，实验结果显示，随语料库内评论数量的增加，SVM 分类准确性有所提高。

李（Li，2006）以中文电影评论为对象，采用 144 条电影评论作为训练集和测试集，因为训练样本有限，使用 SVM 分类器进行情感分类，准确率高达 85.4%。

史（Shi，2005）采用 SVM 对中文书评进行情感分类，并与之前在英文评论的分类研究进行比较，实验结果表明，SVM 在中文情感分析方面表现较英文情感分类更优异。

庞（Pang，2004）人工标记电影评论中常有的特征情感词，以特征项在文本中出现的频率作为分类特征，采用 NB、ME 和 SVM 三种分类器进行对比实验，结果证明 SVM 分类效果最好。

叶强（Ye，2009）以旅游博客上的中文评论为语料库，对 NB 和 SVM 的分类效果进行比较，实验结果显示 SVM 优于 NB。

叶强（2005）、李一军比较了 SVM 和语义方法的分类效果，结果证明 SVM 方法优于基于语义的方法。

基于上述分析，本书研究选择 SVM 作为实验的情感极性分类器。

2.3.2.3 基于情感词语义特性的方法

基于情感词汇语义特性的识别是指利用词语的感情色彩来判断文本的情感极性。首先计算或判断词汇或词组的褒贬倾向性，再通过对篇章中极性词语或词组计数，或对其褒贬程度值求和或均值，或结合句法分析等获得句子或篇章的总体情感极性。

特尼（2002）提出基于情感词组的语义分类方法。该方法提取出符合一定模式的形容词或副词双词词组作为情感词组。并定义逐点互信息量（pointwise mutual information，PMI）来计算任意两词 w_1 和 w_2 之间的语义相关性：$PMI = \log_2 [\frac{p(w_1, w_2)}{p(w_1)p(w_2)}]$，其中 $P(w_1, w_2)$ 表示 w_1 和 w_2

同时出现的概率。计算抽取出的词组与情感词"excellent"和"poor"的PMI，并用SO（semantic opinion orientation）来计算该词组的语义倾向性：$SO(w) = PMI(w,\text{"excellent"}) - PMI(w,\text{"poor"})$，这样就确定了每个情感词组的情感倾向。最后通过计算评论中所有提取出的情感词组的平均SO值来区分情感极性。如果该值大于零，表示好评，推荐该评论描述的对象，如果小于零则不推荐。

戴夫（Dave，2003）等采用信息检索技术进行特征抽取和特征加权，然后利用特征权重的累加，计算产品评论的褒贬倾向。对语料中的每个词打分：$score(t_i) = [\frac{P(t_i|C) - P(t_i|C')}{P(t_i|C) + P(t_i|C')}]$，$t_i$是一个词，$C$是一个情感类型。然后计算文档中所有词的得分总和，根据下式来识别新文档的类别：$class(d_j) = \begin{cases} C & eval(d_j) > 0 \\ C' & otherwise \end{cases}$，其中文档$d_j = t_1, \cdots, t_n$，$eval(d_j) = \sum_i score(t_i)$。这种方法在应用到从网络上搜寻到的句子中时，由于噪声和歧义的影响，分类效果没有明显优于传统的机器学习方法，但它为句子的分类提供了一种简单的方法。

在中文情感极性分类方面，金聪（2008）等将特尼的SO－PMI方法应用到对中文语料的情感判断上，并采用典型文档的语义倾向值的平均值作为阈值，来代替零值作为两级情感的分类界限。实验表明，改进后的语义倾向方法改善了分类效果，并具有不需要大量训练样本、对领域知识有较弱依赖性等特点。

熊德兰（2008）等选取褒贬基准词，通过词汇相似度判断词汇的倾向性，并结合句法分析结果和词语语义倾向性衡量句子褒贬倾向性。实验结果表明，该方法的计算结果与人工判别结果更接近。

闻彬（2010）等提出一种基于语义理解的文本情感分类方法，在情感词识别中引入了情感义原，通过赋予概念情感语义，重新定义概念的情感相似度，得到词语情感语义值。首先选取5种词对，计算出抽取的词对的情感值后，通过综合统计来判定文本的情感倾向性，即对所有词对情感值进行累加来得到文本的情感值。

施寒潇（2011）利用语义标注实现对评论句子的浅层语义分析，并利用统计结果设计出计算句子细粒度情感倾向值的方法。

史伟（2012）等提出基于本体的微博文本情感分类方法。引入情感义原，赋予概念情感语义，定义概念的情感相似度，得到词语情感语义值。首先选取 5 种词对，计算出抽取的词对的情感值后，最后通过综合统计来判定文本的情感倾向性。

已有研究显示，统计方法的分类效果优于语义方法，但采用统计方法进行情感分类的研究中，分类算法相对成熟，特征项的选择、降维方面的研究存在争议和不足，且在已有研究中，对其他影响情感分类结果的因素鲜有考虑，如语料的级别。未对语料的级别进行区分，也使得研究结论无法追溯到语料的级别，从而影响了相关研究的借鉴价值。因此本书的第 3 章选取在线评论中最多见的句子和段落两种级别的语料进行研究，通过实验，分析和比较特征数、特征选择、特征降维、语料级别等因素对情感分类效果的影响。

2.3.3 细粒度的情感极性分类

一个产品具有多个属性/特征（feature），一篇产品评论也可能涉及产品的多个属性/特征。属性/特征是指产品的某个部件或功能，如手机的电池、屏幕，或电影的剧情、配乐、摄影等。评论者会针对其所关注的一个或多个产品属性“一分为二”地发表看法。从评论中识别产品属性，并判断用户对不同属性的情感倾向，可以为用户提供更有价值的信息，比如可以直观地看到客户对于各种产品属性的满意度以及不同产品在各自属性上的优劣比较。这对于顾客优化购买决策，或者企业改进产品都能起到重要的指导作用。因而，有必要研究细粒度的情感极性分类——判断某一属性的情感倾向。

吉姆（Kim，2004）将评论分为 4 个语义成分：主题（topic）、表达者（holder）、陈述（claim）和情感（sentiment），即表达者针对主题给出具有某种情感的陈述。这里所说的主题实际上就是评论中的产品属性。由于目前情感分析的研究对象都是主观性本书，即评论包含的都是发帖人“发自肺腑”的个人观点，即使是引用他人的观点，也默认为发帖人认可他人的观点，因此在线评论的情感极性分类，通常不涉及意见表达者的识别。

学者最初将属性/特征词和情感/观点词的抽取作为两项独立的任务分别进行。

2.3.3.1　属性/特征词的提取

胡（Hu，2004）把产品属性分为显式属性和隐式属性。显式属性是直接出现在产品评论中描述产品的性能或功能的名词或名词短语。隐式属性没有在语句中直接进行描述，需要根据上下文，对句子进行语义理解才能得到。

例如，“这款手机质量好，功能多。”中的质量、功能是显式属性；而“这款手机挺时尚，就是太大、太重！”分别是指手机的外观、体积、重量这 3 个隐式属性。提取隐式属性需要根据上下文从语义层面上对自然语言完全理解，而相应的技术不成熟，目前的研究主要集中在显式属性提取方面。显式产品属性的提取分为人工定义和自动提取两类方法（见表 2.1）。

表 2.1　　属性提取的方法

提取方法	文献	产品评论类型	方法	产品属性	召回率（%）	准确率（%）
人工定义	姚天昉，2006	汽车	本体	汽车的实体和特征	80	60

续表

提取方法	文献	产品评论类型	方法	产品属性	召回率（%）	准确率（%）
自动提取	Yi，2003	数码相机和音乐	混合语言模型和概率函数	具有 BNP 结构的名词短语	—	—
	Popescu，2005	5 种电子类产品	点互信息（PMI）值	名词短语	77	89
	李实，2009	手机、数码相机、Mp3 播放器、书籍	关联规则算法	名词短语	74	64

（1）人工定义。人工定义就是针对特定领域的产品建立该领域的产品属性词汇表或产品本体。

姚天昉（2006）针对汽车领域中存在的大量专用名词（如制动器、动力系、防风挡板）的问题，利用本体建立汽车的产品属性集，该集合主要关注汽车本体概念中的两个部分：实体（指被评价的主体对象 car）和属性（feature）。实体分类模型涉及汽车品牌，属性分类模型涉及汽车部件、汽车综合和汽车技术等。

采用人工定义产品属性，需要产品的领域专家参与，因此移植性较差，并且人工定义的产品属性是静态的，当产品的功能发生改变后（比如手机加入了新的功能），只有重新召集领域专家才能将新属性加入该类产品的产品属性集合中。

（2）自动提取。自动提取就是使用词性标注、句法分析、文本模式等自然语言处理技术对产品评论中的语句进行分析，从中自动发现产品属性。

衣（Yi，2003）等认为具有三种特殊结构（BNP、DBNP、BBNP）的名词短语才可能是产品属性，先从评论中提取名词短语作为候选属性，并使用信息检索算法度量该属性是否与指定产品类相关。

斯库（Popescu，2005）等首先提取评论中频率较高的名词短语作为候选属性，然后计算提取出的名词短语和 konwitall 系统自动生成的鉴别短语的点互信息值，然后以贝叶斯分类为依据来筛选属性词，从而获得产品属性。该方法通过去除那些可能不是属性的高频名词短语提高了准确性，在胡的 5 类产品的产品评论语料库取得了准确率 89%（提高 18%）的良好效果。

李实（2009）等参考胡等人基于关联规则分类的产品属性挖掘算法，针对中文评论的语言特点和风格特征，通过构建中文短语提取模式，定义中文评论中的临近规则和独立支持度概念，针对中文单字名词等语言结构特点采取改进措施等一系列技术创新，实现了针对中文产品评论的产品属性识别。

郑（Zheng，2008）等通过统计分析候选特征在某一特定领域内与不同领域间的分布情况，对术语进行排序，以领域相关性为依据，获取中文评论语中的产品特征词语。

自动提取产品属性由于不需要大量的标注语料库作为训练集，因此有较好的通用性，可以适用于多种产品。移植性较好，不需花太多时间就能够移植到不同产品上，但缺点是准确率较差。

2.3.3.2　情感/观点词的提取

情感词是指句子中带有感情倾向的词语。最初的研究主要通过人工定义的方法进行提取（见表 2.2）。人工定义情感词就是手工建立标注了情感倾向的情感词典或情感本体。

表 2.2　情感词提取的方法

提取方法	文献	情感词典
人工定义	Tong，2001	电影评论情感词
	朱善宗，2009	汉语情感词
	朱善宗，2009	手机评论情感词

唐（Tong，2001）手工建立了针对电影评论的情感词典。首先人工抽取出影评相关的情感词汇（如 great acting、wonderful visuals、uneven editing）。同时对每一个情感词汇按其所代表的情感倾向（“肯定”或“否定”）进行人工标记，并加到专门的情感词典。

朱善宗（2009）等利用已有的 5 种资源（《General Inquirer 词典》《学生褒贬义词典》《知网》《褒义词词典》《贬义词词典》），构建了中文情感词词表。该词表最终共收录词条 15886 个（正面 8427 个，反面 7459个）。

朱善宗（2009）等采用已有的 2 种资源（《知网》第一版数据中包含“良 | 莠”义素的词和《知网》2007 年发布的“情感分析用词语集”），得到初始情感词典，然后在领域语料中统计情感词词典的各个词语出现的频率，获得其中出现频率较高的词汇组成新的极性词词典，最后多人对情感词词典手工标注，标注内容包括词汇的极性方向与强度。

2.3.3.3 属性观点对的抽取

进一步研究发现，将产品属性与观点作为整体进行提取，比单独提取属性或观点更能获取完整的评论信息。为此，布卢姆（Bloom，2007）等提出情感评价单元这一概念，认为对评价对象及对应观点词语的搭配（即“属性观点对”）进行提取，才能得到有用的评论信息。相似的概念也在其他文献中出现过，如威尔逊（Wiebe，2005）提出的 Private State。现有“属性观点对”的识别方法分为两类：“基于统计的方法”与“基于语义的方法”。

“基于统计的方法”将评论中的高频词汇作为产品属性或观点，再采用邻近原则来判断相应的观点，或根据预先定义的窗口来寻找相对应的评论属性。刘（Liu，2005）开发出一种观点挖掘系统对各种产品属性的优缺点进行统计，判断用户对这些属性的观点，并对各种产品属性的综合质量进行比较。威尔逊和霍夫曼（Wilson，Hoffmann，2005）开发了 Opinion Finder 系统。它是一个自动识别主观性句子以及句子中各种与主观性有关的成分（如意见源、直接的主观性表达、说话事件、情感等）的系统。吉姆（Kim，2006）基于人工标注的褒贬词典，找出句子中表达主观性的词汇，再定义一个以主观性词汇为中心、大小固定的窗口，将窗口中的名词或名词短语作为属性。赵（Zhao，2010）提出基于句法路径的“属性－观点对”自动识别方法，通过自动获取句法路径来描述评价对象及其评价词语之间的修饰关系，并计算句法路径编辑距离来改进“属性－观点对”抽取的性能。基于统计的方法自动化程度高，可移植性强，但准确率较低。

基于语义的方法将语言学知识引入评论挖掘，基于语言模板或句法规则来识别与提取属性观点对。胡（Hu，2004）假定产品属性都是名词，且属性与情感词在评论句子中会一起出现。首先对产品评论进行词性标注，只保留句子中的名词或名词短语，然后通过关联规则（association rule）算法找出高频出现的名词作为产品属性。在得到评论中的属性后，选取属性前后一定长度的字符串，取属性附近的形容词作为该属性的情感词。该方法结构简单便于实现，具有良好的移植性，并获得较高的召回率（80%），但只提取形容词作为情感词，而同样可以作为情感词的动词、名词和副词则不被提取，所以准确率有待提高（71%）。李（Li，2006）等归纳出电影领域的相关属性和极性词语，将电影的产品属性分为电影的元素（如 screenplay、vision effect、music）和与和电影相关的人员（如 director、screenwriter、actor）两类；从人工标注的数据中寻找 1093 个词汇作为正性词汇，780 个词汇作为负性词汇，无论评论语句中出现的词汇是正性还是负性，都将该词汇作为情感词，然后从训练句子中得到属性和极性词语之间的最短依存路径，作为属性及其情感描述项的依存关系规则，用于挖掘二者之间的对应关系。尹（Yin，2013）提出一种基于领域本体的建模方法，通过建立评论挖掘模型来对产品评论的“属性观点对”进行识别，实验结果表明，该方法在克服口语化严重和语法不规范等问题上具有良好的效果。基于语义的方法准确率较高，但可移植性较低。

2.3.3.4 “观点词的情感判断”

目前观点词情感的确定主要依赖于已有的情感词典。

例如，坎普斯（Kamps，2004）等使用 WordNet 定义的词汇关联关系来计算情感词与一组情感倾向已知的词的距离，从而判别观点词的情感倾向和情感强度。朱嫣岚（2006）采用类似方法，基于 HowNet 的词汇语义倾向度的计算，根据 HowNet 提供的语义相似度和语义相关场的计算方法，对不同数目的基准词进行实验，结果表明词汇倾向判别的准确率会随着基准词的增加而增加。路斌（2007）基于同义词典的情感褒贬度计算情感强度，也得到良好的分类效果。库（Ku，2006）使用 GI（general inquirer）和 CNSD（Chinese network sentiment dictionary）作为词典，并使用同义词词林及 WordNet 进行扩充，根据词典计算词语的情感倾向。吉姆（Kim，2004）在计算观点词的强度时，分别计算了观点词与同义词和反义词中种子词的共现频率，由此计算得出词的情感强度。李钝（2008）提出词组模式的情感强度计算方法。首先根据词典中的定义，计算词的情感倾向度 $o(w_i)$，然后使用互信息（mutual information，MI）计算词组中词之间的关联强度 $MI(w_1,w_2)$，然后根据不同的词组组合给出相应词组情感强度的计算方法，公式为：$o(phrase)=o(w_1)\times o(w_2)\times MI(w_1,w_2)$。

综观以上方法，其中存在一些有待深入的地方：已有的“属性观点对”抽取方法，将高频词汇作为属性词或观点词，导致许多与产品无关的词语被提取，忽略了低频产品属性。利用句法和语法关系来抽取属性词与观点词，虽然准确率较高，却不适合口语化严重、语法不规范、语义模糊及主语缺失的在线评论。

已有观点词情感确定方法，不适合判断情感随语境变化的词语的情感，如“手机电池可以使用很久”和“开机时间很久”，前者的“久”表达肯定情感，后者的“久”表达否定情感；无法覆盖新出现网络词汇，如“手机总死机”中的“死机”是已有情感词典中不包括的新词汇，但表达了明显的否定情感。

2.3.4 情感强度分析

对于某些应用，单纯的极性分类是不够的，还需要区别褒贬情感的强弱。这种任务称为情感强度分析，有文献也称作情感强度分类，将强度分析看作一种特殊的分类问题，强弱分类的类别是离散且有等级的。本书采用情感强度分析这一概念。在情感强度分析方面，由于情感测度困难和难以量化的因素，目前的进展还比较缓慢。主要有三类方法：多分类方法、回归方法、序列标注方法。

多分类方法即将文本的每个强度等级当作一个类别，构造分类器对其分类。最常见的处理是将文本强度分成强烈贬抑、一般贬抑、客观、一般褒扬、强烈褒扬五个类别或分为中性、低、中、高四个强度类别。林（Lin，2006）等在研究语料的观点问题时，提出了用句子观点模型（LSPM）对未经标注的语句的观点及其五类强度进行判断。威尔逊（Wilson，2004）等将句子分为中性、低、中、高四个强度类别，采用人工标注作为训练样本，实验结果发现标度为高的句子比低的句子对极性的识别率更高。此类方法得到的结果往往忽略了情感渐变过程，造成训练模型不够准确，影响了分类精度。

回归方法即用回归算法来对文本的强度进行拟合。庞和李（Pang，Li，2005）就用了SVM回归方法对文本情感强度进行了回归评分。此外，他们还根据相似度越高标记越相近的原理，提出一种基于度量标记的元算法对文本进行评分，实验表明此方法的效果比多分类方法和SVM回归方法都好。

近年来，条件随机场（CRFs）模型大量地应用于序列标注任务，同时，CRFs 模型也逐步应用于文本倾向性分析任务，并以此产生出针对特定问题的基于 CRFs 模型的其他图模型方法。茅（Mao，2007）等和麦克唐纳（McDonald，2007）等把句子的褒贬标记看作一个情感流问题，并利用序列 CRFs 回归模型来给篇章中的每个句子进行打分。为了减轻褒贬度分析中信息冗余对强度分类的影响，刘康（2008）等在 CRFs 的框架下，考虑句子褒贬度与褒贬强度之间的层级关系，充分利用上下文的信息以及特征的层级特性，提出了基于层叠 CRFs 模型的句子褒贬度分析模型。

2.4 情感分析的应用

情感分析伴随着电子商务的发展而出现，已有相关研究通过情感分析技术，挖掘在线评论在电子商务中的商业价值，如研究电子商务环境下在线评论对商家、用户的交易行为的影响。多数研究从商家和用户两个角度分析在线评论的经济价值。研究领域涉及电影票房、书记销售、电视节目收视率等。

2.4.1 商家的视角

2.4.1.1 评价得分和评论数量

由于情感分析技术不够完善，最初关于在线评论经济价值的研究主要局限在对评价得分和评论数量的研究。

杜安（Duan，2008a）等分别从雅虎电影网站收集影评以及 Mojo 网站收集票房信息，建立联立方程组模型，运用三阶段最小二乘法进行参数估计。结果表明，评价得分和票房收入没有明显关系，但影评数量和票房收入显著正相关。杜安（2008b）等研究影评与票房的动态影响关系，发现影评应为内生变量，它既是票房的先导因素，也是票房的产出变量，两者相互影响，影评数量的增加会提高票房，票房的增加也会带来影评的增加。福尔曼（Forman，2008）等采用亚马逊网站图书销售的排名替代销量进行回归分析，结果表明，评论者发表评论量和图书销量存在显著的正相关。卢向华（2009）等通过大众点评网餐馆点评的实证分析表明，在线评论的数量、评分对产品的销售收入有显著的影响，价格的调节作用也确实存在，如对高价位的产品而言，在线评论评分的重要性边际递增，不过随着价位的提高，在线评论数量所带来的价值会大幅度递减，甚至变为负面。龚诗阳（2012）等通过分析在线评论对图书销量的影响，发现在考虑内生性后，网络口碑中评论分数对销量的影响消失了，而其影响主要来自评论数量。

2.4.1.2 评论情感

伴随着粗粒度情感分类技术的发展，可以有效地提取在线评论中的情感，因此有学者将评论情感引入研究。

郝媛媛（2009）等收集美国2006年度电影市场的相关数据，利用线性回归模型分析不同情感倾向的影评是否影响票房以及电影上映后的哪些阶段存在影响。结果表明，在电影上映第3周，影评对票房有显著影响，并且极端好评的正向影响大于极端差评的负向影响。张（Zhang，2009）等收集携程网的酒店评论，利用线性回归模型研究在线评论对酒店预订量的影响。结果表明，评论的情感极性对酒店预订量有显著影响。朱和张（Zhu，Zhang，2010）利用双重差分模型分析在线评论对视频游戏销量的影响。结果表明，对于非流行的游戏以及上网经验丰富的玩家，在线评论的影响力更大。李和希特（Li，Hitt，2008）研究早期购买者所撰写的评论，其中反映的不同偏好信息将如何影响长期用户的购买行为与社会福利。刘（Liu，2006）对电影评论的情感分析进行研究，发现在电影发布的各周，好评和差评对票房收入均没有显著影响。高斯（Ghose，2007）的研究表明，在线评论的褒贬对数码相机的销售没有显著影响，但与音频/视频播放设备的销售排名显著正相关。

2.4.1.3 产品特征的情感

伴随着细粒度情感分类技术的发展，有学者引入具体产品特征的情感进行研究。

姜和王（Jiang，Wang，2008）在考虑商品特征和竞争环境两个因素的基础上，提出理论模型，试图解释在线评论和评分对产品定价、销量和消费者剩余的影响。通过对亚马逊网站数码相机和复合维生素的价格和销量数据进行分析，发现在线评论信息量和产品定价有显著相关性。还有学者利用在线评论的情感分析，实现“以用户使用为中心”的产品设计。刘（2010）等对手机评论进行情感分析，识别手机是否存在过度的功能设计。手机功能的合理设计能获得更多的顾客满意度。

2.4.2 用户的视角

在线评论的情感极性反映了使用者对商品的满意度，评论阅读者可能会依据在线评论来判断商品的质量和商家的可信度，从而决定是否购买。因此，一些学者对在线评论的情感极性与消费者行为的关系进行研究。

史（Shi，2010）等研究了消费者在线购买时对在线评论的依赖与采纳的影响因素。根据社会影响理论建立了相关理论模型，并在中国的大众点评网进行数据调查，以验证以下几个决定因素：强度（评论质量，视觉提示，评论一致性）、即时性（及时性，对于网络社区用户的信任）以及用户评论的数量，进而分析潜在消费者如何根据网络口碑形成他们对于特定产品或服务的态度。

余奕霏（2009）等采用实证方法研究了网络评论对消费者购买行为的影响。研究结果显示，消费者更加看重负面的网络评论，负面的网络评论对消费者的购买决策存在较重要的负向影响，会降低消费者对产品的认可度。

伴随着情感分析技术的完善，情感分析的应用领域并不局限于电子商务，而是有更广阔的应用空间，如通过情感分析技术，挖掘在线评论在医疗健康、金融风险等方面的价值。

2.4.2.1 医疗健康

近年来，有越来越多的病人通过网络来描述他的医疗方面的经历和体验，通过对这方面信息的收集，病人可以更好地选择医院和医生，医院也可以了解自身管理或医疗方面的不足，从而真正实现以病人为中心的治疗。例如，菲力克斯（Felix，2013）等建议采用自然语言处理技术和情感分类技术，对网络上非结构化的，病人对自己就医体验的描述进行收集，从而分析判断健康治疗的水平。费尔德曼（Feldman，2010）利用情感分析中的极性关系，以积极、消极的连接方式，将药物和症状之间治疗和引发的关系形成图，进行可视化展示。

2.4.2.2 金融风险

在金融领域，金融产品的价格受多种因素影响，价格的波动意味着金融风险，所以预测金融产品的价格波动是个重要的问题。行为金融理论认为，金融信息会影响噪声交易者的投资行为，进而对金融市场产生影响，因此金融信息与金融市场的关系受到学术界的极大关注。夏（Xia，2013）、李（Li，2009）分析金融信息情感对金融风险的影响。

总体而言，以上研究表明在线评论的数量及其情感与产品销量及其价格有显著相关性，且这种相关性随时间发生变化，这说明在线评论中的确存在有价值的情感信息。通过情感分类技术，可以有效提取在线评论中的情感，并研究其商业应用，然而该类研究刚刚起步，还存在以下不足：

（1）研究领域局限性。已有研究只局限在电影票房、图书销售、电子产品销售等几个领域，而在企业系统、医疗健康、金融风险等其他领域的研究刚刚起步。

（2）研究方法和研究结论的有限性。已有研究方法和研究结论有限，大都通过相关性分析，证明了在线评论情感和销售/定价之间是否相关，而如何采用已有情感给出未来市场的预测，则几乎是个空白，而有效的预测才是该类研究的最终目的和价值所在。

2.5 本章小结

情感分析包括主客观文本分类、情感语料库构建、情感极性分类、情感强度分析、情感分析应用。本章从这五方面对情感分析的研究现状与进展进行了总结。由于在线评论是消费者在网络上发表的主观观点，所以在线评论的情感分析主要涉及情感语料库构建、情感极性分类、情感强度分析。首先，对情感分析的语料基础——“情感数据库的构建”现状进行了总结。其次，对情感类型的划分进行归纳，并针对在线评论中所涉及的肯定和否定两种情感，从粗粒度、细粒度两方面对情感极性分类展开评述。为判别在线评论的整体情感倾向，将粗粒度的情感分类方法划分为基于统计自然语言处理的方法和基于语义特性的方法；为判别在线评论中针对某一属性的情感倾向，将细粒度的情感分类的关键技术概括为属性提取和情感词提取，并对相关内容进行总结。再次，为区别褒贬情感的强弱，对情感强度分析技术进行评述。最后，为研究情感分析的应用价值，对在线评论在电子商务领域，如何影响消费者的购买行为以及如何影响商家的销售绩效的工作进行整理和评述，并对情感分析在电子商务领域之外的其他领域的应用现状进行了总结。

虽然针对在线评论情感分析的研究越来越多，但相关研究仍然处在探索阶段，存在一些亟待研究和解决的问题。

（1）缺乏公开的中文公共情感语料库。已有的英文情感分析语料库涉及影评、书评、产品评论、新闻评论、餐饮评论等方面，中文情感分析语料库较少，且标注方法单一。因为缺乏公共情感语料库，方法的有效性难以得到验证，也难以进行研究结论之间的比较。在同一个情感语料库上进行不同方法研究，方法之间才便于比较，因此，中文情感语料库的建立是不可忽视的基础性工作。

（2）中文在线评论的情感极性分析效果不好。目前，情感极性分类大多采用统计自然语言处理方法，沿用文本分类、信息检索等领域的研究成果或在其基础上进行修改。相比传统的文本主题分类，情感分类的分类准确率不高，且现有研究大多没有对研究的语料级别进行一个分类，如划分为篇章、段落、句子等。由于研究语料的长度不同，造成研究结果差别较大，由于研究结论无法追溯到语料的级别，影响了相关研究的借鉴价值。

（3）粗粒度的用户情感极性分类较多，而面向产品属性的细粒度情感极性分类研究相对较少。同一篇评论里，针对一个产品的不同属性发表不同的意见，这种情况比较常见。但评论发表者对同一属性的评价往往立场鲜明，只有一种情感，不可能既褒又贬。因此，对于一篇包含多个产品属性评价的网络评论，除去进行粗粒度的情感极性分类，还需要识别评论涉及的产品属性，并根据不同的属性，将评论拆分成片段，然后进行每一片段的情感极性分类。

（4）用户情感极性分类相对较多，而情感强度的分析相对薄弱。已有的研究集中在用户情感极性的分类，忽略了在线评论所表达的情感强度差异，没能充分运用来自用户的主观信息。在实际应用中，单纯的情感极性分类还不够，还需要分析倾向的强度。特别是在电子商务环境下，情感强度的识别对于个性化客户服务更有意义。

（5）产品显式属性的识别较多，而产品隐式属性的提取进展缓慢。在线评论中的产品属性可分为显式属性和隐式属性。显式属性是直接出现在评论中描述产品性能或功能的词汇。隐式属性没有在语句中直接进行描述，需要根据对上下文的理解才能得到。例如，手机评论中“这款手机挺时尚，就是太大、太重!”分别是指手机的外观、体积、重量这3个隐式属性。尤其是随着移动终端的普及，越来越多的评论是短文本，言简意赅，行文逻辑跳跃性较高。因此，有必要提取出产品评论涉及的隐式属性，从而为分析产品属性和情感极性之间的关系奠定基础。但由于隐式属性在语句中未直接描述，对其提取需要对评论的上下文进行理解，因而相应的研究并不多。

（6）情感分析的应用研究不足。已有关于情感分析的应用研究，多是从情感分析的视角，研究网络社区和电子商务环境下在线评论对商家、用户的交易行为的影响。研究表明在线评论的数量及其情感与产品销量及其价格有显著相关性，且这种相关性随时间发生变化，这说明在线评论中的确存在有价值的情感信息。通过情感分类技术，可以有效提取在线评论中的情感，并研究其商业应用，然而该类研究刚刚起步，还存在以下不足：

研究领域局限性。已有研究只局限在电影票房、图书销售、电子产品销售等几个领域，而伴随着情感分析技术的完善，应有更广阔的应用空间。

研究方法和研究结论的有限性。已有研究方法和研究结论有限，大都通过相关性分析，证明了在线评论情感和销售/定价之间是否相关，而如何采用已有情感给出未来市场的预测，则几乎是空白，而有效的预测才是该类研究的最终目的和价值所在。而伴随着情感分析技术的完善，其应用领域并不局限于电子商务，而有更广阔的应用的空间。例如，如何通过对互联网上的新闻、帖子等信息源进行分析，预测某一事件的未来状况，甚至可以通过舆情管理来控制事件的发展趋势，都是值得关注的问题，但该部分的研究几乎是空白，因此对情感分析的应用进行进一步研究是有必要的。

第3章　粗粒度情感极性分类的影响因素分析

近年来，越来越多的用户愿意在线分享自己的观点。以电子商务为例，这些评论反映了用户对产品（服务）的看法。另外，在电子商务环境下，由于缺少线下体验，用户更倾向于先看网络评论，后做购买决策。然而，由于分析手段薄弱，面对海量的评论，商家难以识别用户的情感倾向，更无法根据用户反馈及时改进产品和调整价格，从而影响商家的业绩，为此，情感分析技术应运而生。所谓在线评论的“情感分析”，就是利用文本挖掘技术，对在线评论进行自动分析，旨在识别用户的情感趋向是“高兴”还是“伤悲”，或判断用户的观点是“赞同”还是“反对”。引入情感分析，可以在海量的在线评论中挖掘出用户的情感特征，提升在线评论的情感价值管理。

随着自然语言处理技术和机器学习技术的不断发展和成熟，情感分析成为国内外研究的一个热点，按照分析目的不同，情感分析可以分为“粗粒度情感极性分类”和“细粒度情感强度分析”，粗粒度情感极性分类的目的是获得针对某个产品/服务的整体（粗的）观点，如某一款手机是优还是差。细粒度情感强度分析的目的是获得针对产品/服务的某个属性的具体（细的）观点，如某一款手机的“性能”是优还是差，“外观”是美还是丑。这两者在实际应用中都具有一定的价值。本章首先进行粗粒度的情感极性分类研究。在该技术的研究中，分类准确率是一个主要研究问题。因此，如何提高情感分类的准确率，分类准确率的影响因素有哪些成为首要解决的问题。

3.1　情感极性分类流程

粗粒度情感极性分类从研究领域上可以分为领域内分类研究和跨领域分类研究。领域内分类主要研究情感分类方法在领域内的分类效果，跨领域分类主要研究如何实现该分类方法的跨领域移植。通过第2章的总结我们知道跨领域研究已经取得了值得肯定的研究成果。且一个领域内的情感分类的有效性是跨领域研究的先决条件，因此，本章的研究重点是领域内分类研究。

已有研究显示，统计方法的分类效果优于语义方法，所以本章主要采取统计方法进行情感极性分类。统计方法的基本分类过程如图3.1所示，即经过预处理、文本表示（特征项选择、特征项降维、特征项权重设置）、分类器处理，最终得到一个有关情感类别的输出。具体的过程简单介绍如下：

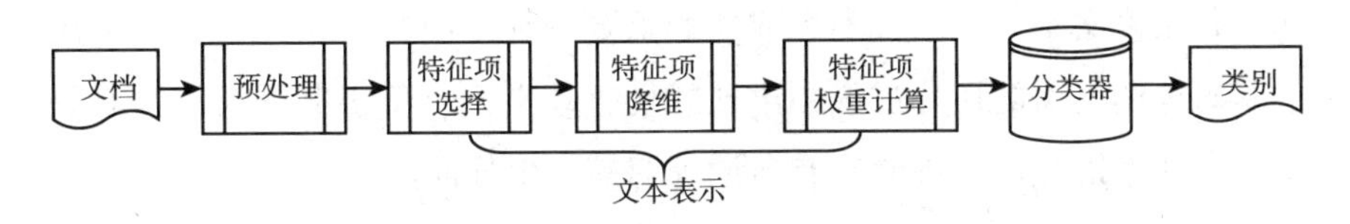

图3.1　情感分类的过程示意

步骤一：选取合适数量的训练文档，这部分训练文档有两个作用：一是抽取表示文本的特征；二是训练分类器。

步骤二：为了抽取合适的文本特征，就需要对训练文本的特征项进行统计，最后按照抽取原则，合理的阈值选取合适的特征，作为文本向量的空间维，来表示训练文本和待分类文本。

步骤三："特征表示形式"的训练文本被分类器训练学习，最后产生分类模型。

步骤四：训练好的分类模型就可以预测"特征表示形式"的待分类文本。

3.1.1 语料预处理

进行情感分类之前，需要对文本进行预处理。通过预处理，把文本分割为单个特征词，在此基础上统计文本中的特征词并用向量空间模型对文本进行表示。语料预处理这一步非常重要，它主要负责对文本的文字内容进行分词处理和词性标注。

3.1.1.1 分词处理

分词处理，主要包括三个步骤：

（1）文本分词。因为汉语文本和西方的书面文本语言不同，中文的词与词之间不需要用空格之类的分隔标记，所以汉语需要解决分词的问题，这也是计算机在处理汉语文本时所面临的最基础性也最重要的工作，是很多文本处理系统不可或缺的重要一环。中文词法分析主要解决的是对连续词语的切分过程中出现的切分歧义；对于字典语料中没有登记的专业术语和新出现的专有名词等容易产生分词错误。

（2）过滤字符。分完词之后，对标点符号、数字、字母和连字符等进行处理，如标点符号的处理。标点符号，如逗号、句号等，它们出现频率较高但对分类的贡献较小，所以需要过滤掉，以提高后续分类的效率。

（3）排除停用词。在分完词之后，需要过滤掉那些对分类来说作用很小的词汇，如停用词。停用词词频较高但是对类别没有区分信息，需要过滤掉，否则停用词将对文本的分类结果产生很大的影响。例如，"我还挺喜欢这款手机的"中的"的"就是一个停用词，它对机器理解文本没有任何的帮助，所以需要过滤掉。

通过处理掉标点和停用词，文本表示的过程中，就能减少很多的维度，它能够一定程度上解决在特征选择过程中造成的维度空间的问题。

3.1.1.2　词性标注

文本中词汇的词性是情感分析和观点挖掘中常用的特征。词性信息能很好地帮助多义词的消歧。随着自然语言处理的技术发展、条件随机场等新工具的使用，自动词性标注算法准确率的大大提高，使得词性作为一种特征变得更为可靠了。

基本的词性都包括名词、动词、形容词、副词、连词、代词、介词 7 种，但是一些常见的词性标注算法通常还会输出 50 ~ 100 种不同词性的标签，比如 NN 代表单数名词，NNS 代表单数专有名词等。因为这些与情感分类中所需要的粒度不相符，所以使用较少。

本书的分词处理和词性标注，直接使用了中国科学院计算技术研究所开发的汉语词法分析系统 ICTCLAS 系统，对所有的文本都进行了预处理，得到了词性标注信息。

经过语料预处理后，必须找到一种合理的文本表示方法，才能让计算机高效地处理文本。该文本表示方法不仅能够表达篇章的文本特征，而且需要对不同的文档有较强的区分能力。现在采用最多的文本表示方法通常是向量空间模型（VSM），它利用词袋空间模型来近似的逼近文本的语义，VSM 中的每个维度都表示文档内的一个单词。

3.1.2　语料文本表示

3.1.2.1　向量空间模型的概念

一个文本表示为一个由文字和标点符号组成的字符串，由字或字符组成词，由词组成短语，进而形成句、段、节、章、篇的结构。要使计算机高效地处理真实文本，就必须找到一个理想的形式化表示方法，这种表示一方面要能真实地反映文档的内容（情感、主题等），另一方面，要有对不同文档的区别能力。图 3.2 显示的是常用的三类文本表示模型。

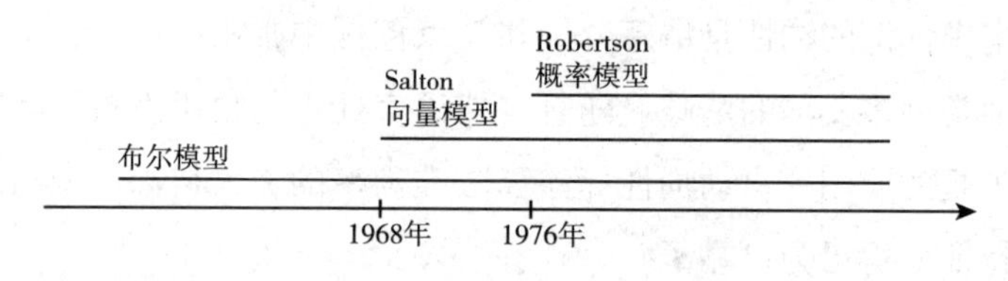

图 3.2　文本表示模型的发展

在布尔模型中，文档和查询用特征词集合表示，文档表示成所有词的“与”关系；向量空间模型中，文档和查询用多维空间的向量来表示；在概率模型中，把检索看作文档表示和查询之间匹配程度的概率估计问题。本书采用了统计自然语言中最有效的文本表示方法——向量空间模型。VSM 是 20 世纪 60 年代末期由索尔顿（Salton，1973）等人提出的，最早用在 SMART 信息检索系统中，目前已经成为自然语言处理中常用的模型。

VSM 基于下面一些概念构造：（1）文档。通常是文章中具有一定规模的片段，如句子、句群、段落、段落组直至整篇文章。（2）项/特征项。特征项是 VSM 中最小的不可分的语言单位，可以是字、词、词组或短语等。一个文档的内容被看成它含有的特征项所组成的集合，表示为：$Document = D\{t_1, t_2, \cdots, t_i, \cdots, t_n\}$，其中 t_k 是特征项。（3）项的权重。对于含有 n 个特征项的文档 $D\{t_1, t_2, \cdots, t_i, \cdots, t_n\}$，每一特征项 t_k 都依据一定的原则被赋予一个权重 w_k，表示它们在文档中的重要程度。这样一个文档 D 可用它含有的特征项及其特征项所对应的权重所表示：$D = D\{t_1, w_1; t_2, w_2; \cdots; t_n, w_n\}$，简记为 $D = D\{w_1,$

w_2，…，w_n}，其中 w_k 就是特征项 t_k 的权重。

一个文档在上述约定下可以看成 n 维空间中的一个向量，这就是向量空间模型的由来。下面给出其定义。

定义1：向量空间模型（VSM），给定一个文档 $D(t_1, w_1; t_2, w_2; \cdots; t_n, w_n)$，$D$ 符合以下两条约定：

（1）各个特征项 t_k（$1 \leqslant k \leqslant n$）互异（即没有重复）；

（2）各个特征项 t_k 无先后顺序关系（即不考虑文档的内部结构）。

通过以上两个约定，可以把特征项 t_1，t_2，…，t_n 看成一个 n 维坐标系，这些特征项根据不同的具体分类算法会有些不同，但是主要是提取出文档中最能反映该文档特征的词。对于每一个特征项 t，每个文档都根据其在文档中的重要程度，赋予一个权重 w_i，由权重 w_1，w_2，…，w_n 构成这个文本相应的坐标值。最终将文本表示为 n 维空间的一个向量。我们称 $D = D$（w_1，w_2，…，w_n）为文本 D 的向量表示或向量空间模型。

3.1.2.2 文档的相似度

关于文档的相似度计算，有以下定义。

定义2：向量的相似性度量，任意两个文档 D_1 和 D_2 之间的相似系数 $Sim(D_1, D_2)$ 表示两个文档内容的相关程度。设文档 D_1 和 D_2 表示 VSM 中的两个向量：

$$D_1 = D_1(w_{12}, w_{12}, \cdots, w_{1n})$$
$$D_2 = D_2(w_{21}, w_{22}, \cdots, w_{2n})$$

那么，可以借助于 n 维空间中两个向量之间的某种距离来表示文档间的相似系数，常用的方法是使用向量之间的内积来计算，即：

$$Sim(D_1, D_2) = \sum_{k=1}^{n} w_{1k} \times w_{2k} \tag{3.1}$$

如果考虑向量的归一化，则可用两个向量的夹角的余弦值来表示相似系数，即：

$$Sim(D_1,D_2) = \cos\theta = \frac{\sum_{k=1}^{n} w_{1k} \times w_{2k}}{\sqrt{\sum_{k=1}^{n} w_{1k}^2 \times \sum_{k=1}^{n} w_{2k}^2}} \tag{3.2}$$

3.1.3 分类器选取

3.1.3.1 常用分类器

由于文本分类是一个分类问题，因此，一般的模式分类方式都可用于文本分类研究。常用的分类算法包括：Rocchio 算法、k－最近邻算法（k-nearest neighbor，kNN）、朴素贝叶斯算法（Naïve Bayes，NB）、支持向量机算法（support vector machines，SVM）、线性最小平方拟合算法（linear least-squares fit，LLSF）和神经网络法（neural network，NNet）等。

（1）Rocchio 算法是较早出现的一种经典算法，它为训练集中每一个文本建立一个特征向量，通过这些向量为每个类再建立一个原型向量，即类向量，根据待分类文本与各个原型向量之间的距离来决定文本的分类。

（2）k－最近邻算法（kNN）则是一种基于实例的文本分类方法，它将待分类文本与训练集中各个已知类别的文本进行比对，找到与其最相似的 k 个训练文本，根据相似程度进行加权，从而预测待分类文本的类别。

（3）朴素贝叶斯法（NB）也是一种广泛运用的分类法。它基于构成特征向量的各个特征是相互独立的假设，文本中特征词的出现仅依赖于文本类别。计算在已知特征向量的情况下该文档属于不同类别的条件概率，并将其归于条件概率最大的一类。

（4）支持向量机算法（SVM）是一种在表现非常出色的分类方法，其基本思想是通过训练集，在向量空间中找到一个超平面，这个平面能最大限度地将空间中分别属于两类的数据点分开，并且离超平面最近的向量离超平面之间距离最大。再通过训练好的模型对待分类数据进行分类。

（5）线性最小平方拟合算法（LLSF）是一种映射方法，它通过训练集和分类文档训练出一个多元回归模型。训练数据使用输入输出向量表示，输入向量即传统向量空间模型所表示的文档，输出向量则表示该文档的对应分类。通过线性最小平方拟合获得回归系数矩阵，再经过对这些分类权重映射值的排序结合阈算法获得输入文档所属类别。

（6）神经网络法（NNet）是人工智能中比较成熟的技术了，这个算法的时间开销比较大，它给每个类别建立一个神经网络，通过输入的单词或特征向量经过机器学习获得分类结果。

现有分类器的重要理论基础多是传统统计学，传统统计学研究的是样本数目趋于无穷大时的渐近理论，然而在实际问题中，样本数往往是有限的，因此一些理论上很优秀的学习方法实际应用效果却一般。与传统统计学相比，统计学习理论（SLT）是一种专门研究小样本情况下机器学习规律的理论。有学者从20世纪六七十年代就开始致力于此方面的研究，到90年代中期，随着理论的不断发展和成熟，也由于基于传统统计学的分类器缺乏实质性进展，统计学习理论受到更加广泛的重视。统计学习理论的数学体系比较严密，为解决有限样本学习问题提供了一个统一的框架。它能将很多现有方法纳入其中，有望帮助解决许多原来难以解决的问题。

统计学习理论中最新的部分是支持向量机SVM，其核心内容是在1992～1995年提出的，目前虽然处在不断发展阶段，但是已经表现出很多优于已有方法的性能。下面将进行简要介绍。

3.1.3.2　线性分类

两类问题（正类和负类）的分类通常用一个实数函数 $f: X \subseteq R^n \to R$（n 为输入维数，R 为实数）。通过执行如下操作：当 $f(x) \geqslant 0$ 时，将输入 $x = (x_1, x_2, \cdots, x_n)'$ 赋给正类，否则，将其赋给负类。当 $f(x)(x \in X)$ 是线性函数时，可以写成如下形式：

$$
\begin{aligned}
f(x) &= \langle w \cdot x \rangle + b \\
&= \sum_{i=1}^{n} w_i x_i + b
\end{aligned}
\tag{3.3}
$$

其中，$(w,b) \in R^n \times R$ 是控制函数的参数，决策规则是由函数 $\mathrm{sgn}(f(x))$ 给出，通常学习意味着要从数据中获得这些参数。“·”是向量点积。

该分类方法的几何解释是，方程式 $\langle w \cdot x \rangle + b = 0$ 定义的超平面将输入空间 X 分成两半，一半为负类，另一半为正类，如图 3.3 所示。

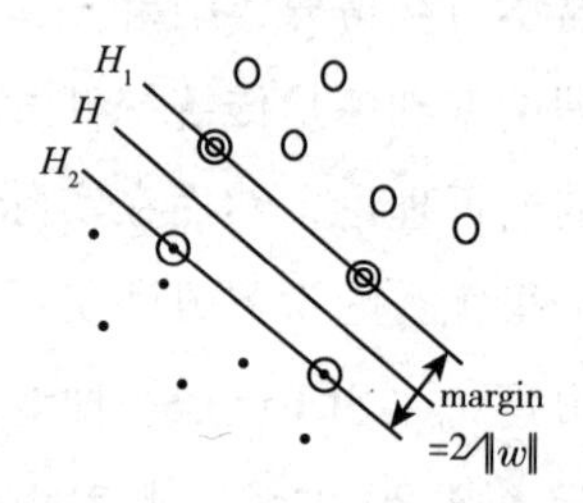

图 3.3　最优分类面示意

图 3.3 中的 H 表示超平面，对应地，实心点和空心点代表两类样本。w 是超平面的法线方向。当 b 的值变化时，超平面平行移动。因此，如果想表达 R^n 中所有可能的超平面，一般要包括 $n+1$ 个可调参数的表达式。如果训练数据可以被无误差地划分，那么，以最大间隔分开数据的超平面称为最优平面。

对于多类分类问题，输出域是 $Y = \{1, 2, \cdots, m\}$。线性学习器推广到 $m(m \in N,\ m \geqslant 2)$ 类是很直接的：对于 m 类中的每一类关联一个权重向

量 w_i 和偏移 b_i，即（w_i，b_i），$i \in \{1, 2, \cdots, m\}$，给出如下决策函数(3.4)：

$$c(x) = \arg\max_{1 \leq i \leq m} (\langle w_i \cdot x \rangle + b_i) \tag{3.4}$$

其几何意义是：给每个类关联一个超平面，然后，将新点 x 赋予超平面离其最远的那一类。输入空间分为 m 个简单相连的凸区域。

3.1.3.3 线性不可分

对于非线性问题，可以把样本 x 映射到某个高维特征空间，在高维特征空间中使用线性学习器。因此，假设集是如下类型的函数（3.5）：

$$f(x) = \sum_{i=1}^{n} w_i \varphi_i(x) + b \tag{3.5}$$

其中，φ：$X \to F$ 是从输入空间到某个特征空间的映射。也就是说，建立非线性分类器需要分两个步骤：首先使用一个非线性映射函数将数据变换到一个特征空间 F，然后在这个特征空间上使用线性分类器。

线性分类器的一个重要性质是可以表示成对偶形式，这意味着假设可以表达为训练点的线性组合，因此，决策规则（分类函数）可以用测试点和训练点的内积（3.6）来表示。

$$f(x) = \sum_{i=1}^{l} a_i y_i \langle \varphi(x_i) \cdot \varphi(x) \rangle + b \tag{3.6}$$

其中，l 是样本数目；a_i 是个正值导数，可通过学习获得；y_i 为类别标记。如果有一种方法可以在特征空间中直接计算内积 $\langle \varphi(x_i) \cdot \varphi(x) \rangle$，就像在原始输入点的函数中一样，那么就有可能将两个步骤融合到一起建立一个非线性分类器。这样，在高维空间内实际上只需要进行内积运算，而这种内积运算是可以利用原空间中的函数实现的，我们甚至没有必要知道变换的形式。这种直接计算的方法称为核（kernel）函数方法。

3.1.3.4 构造核函数

核是一个函数 K，对所有 x，$z \in X$，满足下式：

$$K(x,z) = \langle \varphi(x) \cdot \varphi(z) \rangle \tag{3.7}$$

这里的 φ 是从 X 到（内积）特征空间 F 的映射。

一旦有了核函数，决策规则就可以通过对核函数的 l 次计算得到：

$$f(x) = \sum_{i=1}^{l} a_i y_i K(x_i, x) + b \tag{3.8}$$

那么，这种方法的关键就是如何找到一个可以高校计算的核函数。核函数要适合某个特征空间必须是对称的，即：

$$K(x,z) = \langle \varphi(x) \cdot \varphi(z) \rangle = \langle \varphi(z) \cdot \varphi(x) \rangle = K(z,x) \tag{3.9}$$

并且，满足下面的不等式：

$$\begin{aligned} K(x,z)^2 &= \langle \varphi(x) \cdot \varphi(z) \rangle^2 \leqslant \| \varphi(x) \|^2 \| \varphi(z) \|^2 \\ &= \langle \varphi(x) \cdot \varphi(x) \rangle \langle \varphi(z) \cdot \varphi(z) \rangle = K(x,x)K(z,z) \end{aligned} \tag{3.10}$$

其中，$\| \cdot \|$ 是欧式模函数，但是，这些条件对于保证特征空间的存在是不充分的，还必须满足 Merecer 定理的条件，对 X 的任意有限子集，相应的矩阵是半正定的。也就是说，令 X 是有限输入空间，$K(x,z)$ 是 X 上的对称函数。那么，$K(x,z)$ 是核函数的充分必要条件是矩阵 $K = (K(x_i, x_j))_{i,j=1}^{n}$ 是半正定（即特征值非负）。

根据泛函的有关理论，只要一种核函数满足 Merecer 条件，它就对应某一空间中的内积。

支持向量机中不同的内积核函数将形成不同的算法。目前常用的核函数主要有多项式核函数、径向基函数、多层感知机核动态核函数等。关于这些核函数很多专著都有详细介绍，故此不赘述。

3.1.3.5 优点

支持向量机方法是建立在统计学习理论的VC维理论和结构风险最小原理基础上的，根据有限的样本信息在模型的复杂性（即对特定训练样本的学习精度）和学习能力（即无错误地识别任意样本的能力）之间寻求最佳折中，以期获得最好的推广能力。支持向量机方法的几个主要优点有：

（1）它是专门针对有限样本情况的，其目标是得到现有信息下的最优解而不仅仅是样本数趋于无穷大时的最优值；

（2）算法最终将转化成为一个二次型寻优问题，从理论上说，得到的将是全局最优点，解决了在神经网络方法中无法避免的局部极值问题；

（3）算法将实际问题通过非线性变换转换到高维的特征空间（feature space），在高维空间中构造线性判别函数来实现原空间中的非线性判别函数，特殊性质能保证机器有较好的推广能力。

在SVM方法中，只要定义不同的内积函数，就可以实现多项式逼近、贝叶斯分类器、径向基函数（RBF）方法、多层感知器网络等许多现有学习算法。目前，SVM算法在模式识别、回归估计、概率密度函数估计等方面都有应用。例如，在模式识别方面，对于手写数字识别、语音识别、人脸图像识别、文章分类等问题，SVM算法在精度上已经超过传统的学习算法或与之不相上下。

在情感分类领域，庞（Pang，2002）等、马伦（Mullen，2004）等和怀特洛（Whitelaw，2005）等研究了SVM在情感分类中的表现，发现SVM比其他分类算法能达到更好的精度，尤其在训练样本有限的情况，效果优于其他分类器。所以采用SVM作为分类器，可以大大缩短训练时间，提高训练效率，从而实现效率和准确率的有效平衡，这在实际应用中意义重大，为此，SVM也成为情感分析首选的分类器。在本书研究中，我们用 SVM 作为情感分类的分类器。

3.1.4 分类结果评价

本章主要采用分类准确率和卡方检验来评价分类结果。

3.1.4.1 分类准确率

分类准确率 $P=(A+D)/(A+B+C+D)$，正类准确率 $P_p=A/(A+B)$，负类准确率 $P_n=D/(C+D)$。A、B、C、D 的含义如表 3.1 所示。

表 3.1　　分类准确率

	实际为肯定的评论数（人工标注）	实际为否定的评论数（人工标注）
标注为肯定的评论数（机器标注）	A	B
标注为否定的评论数（机器标注）	C	D

人工标注的结果分为实际为肯定的评论数和实际为否定的评论数，机器标注的结果分为标注为肯定的评论数和标注为否定的评论数。

为比较情感分析方法的优劣，情感分析领域的标准处理方法是，在人工标注过的情感语料上进行实验，并将“机器标注结果（实验结果）”与“人工标注结果（实际结果）”进行对比，以得出该情感分析方法是优还是劣的结论。

3.1.4.2 卡方检验

卡方 χ^2 检验（chi-square test）是一种常用的对计数资料进行假设检验的统计学方法，它属于非参数检验的范畴，主要用于研究两组（或多组）样本率或构成比之间的差别。它在统计推断中的应用包括：两个率或两个构成比比较的卡方检验；多个率或多个构成比比较的卡方检验以及分类资料的相关分析等。

（1）卡方检验的基本思想。卡方检验是以 χ^2 分布为基础的一种常用假设检验方法，它的无效假设 H_0 是：观察频数与期望频数没有差别。该检验的基本思想是：首先假设 H_0 成立，基于此前提计算出 χ^2 值，它表示观察值与理论值之间的偏离程度。根据 χ^2 分布及自由度可以确定在 H_0 假设成立的情况下获得当前统计量及更极端情况的概率 P。如果 P 值很小，说明观察值与理论值偏离程度太大，应当拒绝无效假设，表示比较资料之间有显著差异；否则就不能拒绝无效假设，尚不能认为样本所代表的实际情况和理论假设有差别。

（2）卡方值的计算与意义。χ^2 值表示观察值与理论值之间的偏离程度。计算这种偏离程度的基本思路如下：

第一，设 A 代表某个类别的观察频数，E 代表基于 H_0 计算出的期望频数，A 与 E 之差称为残差。

第二，显然，残差可以表示某一个类别观察值和理论值的偏离程度，但如果将残差简单相加以表示各类别观察频数与期望频数的差别，则有一定的不足之处。因为残差有正有负，相加后会彼此抵消，总和仍然为 0，为此可以将残差平方后求和。

第三，残差大小是一个相对的概念，相对于期望频数为 10 时，期望频数为 20 的残差非常大，但相对于期望频数为 1000 时 20 的残差就很小了。考虑到这一点，人们又将残差平方除以期望频数再求和，以估计观察频数与期望频数的差别。

进行上述操作之后，就得到了常用的 χ^2 统计量，由于它最初是由英国统计学家卡尔·皮尔逊（Karl Pearson）在 1900 年首次提出的，因此也称之为皮尔逊 χ^2，其计算公式为：

$$\chi^2 = \sum \frac{(A-E)^2}{E} = \sum_{i=1}^{k} \frac{(A_i - E_i)^2}{E_i} = \sum_{i=1}^{k} \frac{(A_i - np_i)^2}{np_i} (i = 1,2,3,\cdots,k) \tag{3.11}$$

其中，A_i为 i 水平的观察频数，E_i为 i 水平的期望频数，n 为总频数，p_i为 i 水平的期望频率。i 水平的期望频数 E_i等于总频数 $n \times i$ 水平的期望概率 p_i，k 为单元格数。当 n 比较大时，χ^2统计量近似服从 $k-1$（计算 E_i 时用到的参数个数）个自由度的卡方分布。

由卡方的计算公式可知，当观察频数与期望频数完全一致时，χ^2值为 0；观察频数与期望频数越接近，两者之间的差异越小，χ^2值越小；反之，观察频数与期望频数差别越大，两者之间的差异越大，χ^2值越大。换言之，大的 χ^2值表明观察频数远离期望频数，即表明远离假设。小的 χ^2值表明观察频数接近期望频数，接近假设。因此，χ^2是观察频数与期望频数之间距离的一种度量指标，也是假设成立与否的度量指标。如果 χ^2值小，研究者就倾向于不拒绝 H_0；如果 χ^2值大，就倾向于拒绝 H_0。至于 χ^2在每个具体研究中究竟要大到什么程度才能拒绝 H_0，则要借助于卡方分布求出所对应的 P 值来确定。

（3）卡方检验的类型。卡方检验在统计推断中的应用包括：两个率或两个构成比比较的卡方检验；多个率或多个构成比比较的卡方检验以及分类资料的相关分析等。

第一，四格表资料的卡方检验用于进行两个率或两个构成比的比较。假设有两个分类变量 X 和 Y，它们的值域分别为 $\{X_1, X_2\}$ 和 $\{Y_1, Y_2\}$，其样本频数列联表如表 3.2 所示。

表 3.2　　样本频数列联表

	Y_1	Y_2	总计
X_1	a	b	$a+b$
X_2	c	d	$c+d$
总计	$a+c$	$b+d$	a

若四格表资料四个格子的频数分别为 a、b、c、d，则四格表资料卡方检验的卡方值计算公式为：

$$\chi^2 = (ad - bc)^2 \times n/(a + b)(c + d)(a + c)(b + d)$$

第二，行×列表资料的卡方检验用于多个率或多个构成比的比较。其行×列联表如表3.3所示。

表3.3　　$R \times C$ 列联表

	1	2	…	C	合计
1	A_{11}	A_{12}	…	A_{1C}	N_{1C}
2	A_{21}	A_{22}	…	A_{2C}	N_{2C}
…	…	…	…	…	…
R	A_{R1}	A_{R2}	…	A_{RC}	N_{RC}
合计	N_{R1}	N_{R2}	…	N_{RC}	N

R行C列表资料卡方检验的卡方值计算公式为：

$$\chi^2 = N\left[\frac{(A_{11})^2}{(N_{1C} \times N_{R1})} + \frac{(A_{12})^2}{(N_{2C} \times N_{R2})} + \cdots + \frac{(A_{1C})^2}{(N_{RC} \times N_{RC})} - 1\right] \tag{3.12}$$

3.2　情感极性分类准确率影响因素

使用向量空间模型表示文档首先要对各文档进行词汇化处理，即采用分词技术对文本进行分词，然后根据训练样本集生成特征项的序列 $T = T\ (t_1,\ t_2,\ \cdots,\ t_n)$，再根据 T 对训练样本集和测试文本集中的各个文档进行赋值，生成向量 $D = D\ (w_1,\ w_2,\ \cdots,\ w_n)$，最后根据向量进行对文本的分类。在该过程中，涉及特征项选择、特征项降维、特征项权重设置几个问题。因此特征项选择、特征项降维、特征项权重设置都可能影响到分类的准确率。另外，语料库的构建是情感分类的基础性工作，语料规模、语料领域等也可能影响到分类的准确率。

3.2.1 影响因素一：语料库构建

对原素材（在线评论）进行人工情感标注，从而构建“情感语料库”是进行情感分析研究的重要前提和基础。为比较情感分析方法的优劣，理论界的标准做法是在人工标注的情感语料上进行实验，并将“实验结果（机器标注结果）”与“实际结果（人工标注结果）”进行对比，从而分析实验所采用方法的优劣。情感分析是模仿人的分类过程，实验的最终目的是无限接近人的分类结果。以情感语料库为基础，可以训练文本情感识别模型，从事情感词汇本体的自动学习和统计情感迁移规律等研究。

具体来讲，在情感分析研究中，情感语料库有以下三个作用。第一，选择部分情感语料训练机器学习模型，并采用训练好的机器学习模型，对“待分类语料”的情感极性进行自动预测。第二，将“预测结果（机器标注结果）”与“实际结果（人工标注结果）”进行对比，从而分析实验所采用方法的优劣。第三，抽取表示文本的特征项。

为增强情感分析实验结论的鲁棒性和可靠性，一般需要选择不止一个领域的情感语料进行实验。常用做法是在“公共情感语料库”和“自建情感语料库”上同时进行实验。因为“预测结果（机器标注结果）”需要与“实际结果（人工标注结果）”进行对比，所以自建情感语料库的标注程度和精确度直接影响情感分析结果的准确度和可信度，所以情感语料库构建非常关键。另外，情感语料库的语料规模、语料领域等都有可能影响情感极性分类的准确性。

因为我国国内公共语料库的不足，我们在研究中采取“公共情感语料库”和“自建情感语料库”相结合的方式进行实验，所以自建情感语料库的构建非常关键。语料库的建设本身就是一项长期而复杂的任务，从收集语料，制定标注规范，到完成语料加工，每一步都要既确保速度，又确保标注质量，我们根据国外语料库建设在收集语料、制定标注规范和质量监控等方面的经验进行语料库构建工作。我们在本小节对“自建情感语料库”的构建过程进行介绍。

3.2.1.1　语料收集

（1）语料下载。本书使用 PHP 语言实现网络爬虫，来完成网页内在线评论的下载。利用网络爬虫，可以根据用户需求自由下载页面中必要的字段，本书主要提取网页中在线评论的发表时间、主题、内容等字段。

网络爬虫是一类实现自动提取网页的程序名称，它是搜索引擎的重要组成，主要功能是为搜索引擎从万维网上下载网页。网络爬虫的工作原理是通过网页的链接地址来寻找网页，首先从网站的某一个页面开始，读取页面中的内容，依次找到在网页中的其他链接地址，随后通过这些链接地址寻找下一个网页，如此循环往复，直到将起始网页所在网站的所有网页都抓取完毕或者满足系统一定停止条件为止。

网页的抓取策略可以分为深度优先、广度优先和最佳优先三种。深度优先在很多情况下会导致爬虫的陷入问题，目前常见的是广度优先和最佳优先方法。广度优先搜索策略是指在抓取过程中，在完成当前层次的搜索后，才进行下一层次的搜索。最佳优先搜索策略按照一定的网页分析算法，预测候选网页与目标网页的相似度，或与主题的相关性，并选取评价最好的一个或几个网页进行抓取。

（2）语料选择。为增强实验研究结果的鲁棒性和稳定性，要求所收集的语料既蕴含丰富的、有价值的评论信息，又具有代表性。以我们构建的手机评论为例，应收集包含各类手机产品的评论。通过比较京东商城、卓越亚马逊和淘宝网三大平台，本书发现京东网和淘宝网的手机评论语料较为丰富、信息较为完整，因此将其作为语料来源。为了确保语料具有代表性，选择不同档次、不同品牌手机的在线评论。

3.2.1.2 语料标注流程与规范

（1）语料标注流程。为方便标注人员进行语料标记，我们构建了一个简易的标注系统，在标注时，该系统从待标注数据库中选择一条数据，随机指派给两名接受了“评价理论”和“多参数标记规范”培训的标注人员，如果两个标注人员标注的结果一致，则直接写入已标注数据库；如果两个标注人员标注的结果不一致，再指派给第三个标注人员标注，把多数一致的标注结果写入已标注数据库。为了减少标注误差，在进行每个标注任务时，所有标注人员标注完前五十条数据时，集中分析讨论标注结果，统一标注原则，然后再标注剩下的数据。

（2）语料标注规范。语料库的标注规范是指对语料的加工程度，即一个待标注的单元需要填充的信息集合。理想的情感标注规范是在标注前事先确定，在标注过程中保持不变，这样可以保证标注的一致性。但是由于语料的多样性和复杂性，标注规范也需要多次修正，这就可能导致情感语料库的质量下降。为了充分考虑各种特殊情况，本书预先标注了部分语料，在总结标注中发现的问题的基础上，综合考虑其他类型语料的标注经验和文本情感标注自身特点，制定了如下标注体系：

Sentiment Model =（Number; P-Emotion; Sentence; Location; S-Emotion; FO; Person）

标注模型中各变量表示的含义和取值范围如表 3.4 所示。

表 3.4　　　　标注规范中各变量的说明

变量	说明	取值范围
Number	关于段落的标识，便于段落的查找	1，2，3，…
P-Emotion	段落情感	正类，负类
Sentence	段落包含句子内容	……
Location	句子在段落中所处位置	段首，段中，段尾

续表

变量	说明	取值范围
S-Emotion	句子情感	正类，负类
FO	句子中的“属性观点对”	……
Person	进行标注的人员，以便于统计和查证	人名

3.2.1.3　语料标注质量监控

通过计算 Kappa 统计量作一致性检验，可以评价两种诊断试验方法（两个标注者的标注结果）的一致性，其计算公式为：

$$K = \frac{P_o - P_e}{1 - P_e} \tag{3.13}$$

其中，

$$P_o = \frac{\sum_{i=1}^{R} A_{ii}}{N}, P_e = \sum_{i=1}^{R} a_i b_i$$

$$a_i = \frac{A_i}{N}, b_i = \frac{B_i}{N}$$

其中，$R \times C$ 列联表如表 3.5 所示。

表 3.5　　$R \times C$ 列联表（$R = C$）

	1	2	…	C	计	率
1	A_{11}	A_{12}	…	A_{1C}	A_1	a_1
2	A_{21}	A_{22}	…	A_{2C}	A_2	a_2
…	…	…	…	…	…	…
R	A_{R1}	A_{R2}	…	A_{RC}	A_R	a_R
计	B_1	B_2	…	B_C	N	
率	b_1	b_2	…	b_C		

Kappa 计算公式中，P_o 为两次调查或两种测定方法结果的实际一致率；P_e为两次调查或两种测定方法结果的期望一致率；A_{ii}为 $R \times C$ 表中主对角线上的实际值；N 为总计数；A_i、B_i 分别为第 i 行、第 i 列的边计值；a_i、b_i 分别为第 i 行、第 i 列的边计频率。期望一致率是假设两次调查或两种测定方法相互独立的前提下所期望的一致性，故按概率的乘法定理计算。

Kappa 统计量常用来评价不同检验（或诊断）方法结果间的一致性，或是度量评估者之间评定结果的一致性。对于两名评估者的检测结果是否一致。由于人工标注带有主观性，不同的人标注存在差异，因此随机选择已标注语料来计算 Kappa 统计量，以检验两名标注者标注结果的一致性。Kappa 值高于 0.7 时表明语料标注结果稳定性可以接受。如果 Kappa 的值太低，小于 0.4，说明一致性较差，这需要对标注者再次进行评价理论和多参数标记规范的培训。

3.2.2 影响因素二：特征项选择

特征项选择，即选取什么语义单元作为特征项，这是决定情感分类效果的重要因素。特征项既要真实地反映文档的情感信息，也要对不同文档有较强的区分能力。特征项主要有以下几类。

（1）字（word），比如对“文本情感分类”，可以拆分成以下特征字：“文”“本”“情”“感”“分”“类”。

（2）词（phrase），比如对“文本情感分类”，可以拆分成以下特征词：“文本”“情感”“分类”。利用词作为特征首先就得依赖于准确的分词系统能够合理地将中文文本进行分词和词性标注。

（3）N 元组（N - gram），将文本内容按字节流进行大小为 N 的滑动窗口操作，形成长度为 N 的字节片段序列。比如对“文本情感分类”，可以拆分成以下 2 - gram：“文本”“本情”“情感”“感分”

“分类”。

(4) 概念 (concept), 这里的概念可以依据自己的分类目的进行定义。比如同义词：开心、高兴、快乐。再比如在情感分类中，可以定义同样情感的词作为特征，比如褒义词：开心、不错、好等。

(5) 规律性模式，比如定义某个窗口中出现的固定模式，如果定义的模式为名词 + 动词，那么文本情感分类可以表示的特征项为：情感分类。

在本书中，选取的“词”和“N元组”作为候选的特征项。词作为特征项时，加入了词性的限制，即满足特定词性标记的词或符号作为向量空间模型的特征项；选取N元组作为候选项时，考虑中文评论的构成特征，选取Unigram、Bigram、Trigram作为候选特征项，具体选取规则在下文中有具体阐述。

3.2.3 影响因素三：特征项降维

3.2.3.1 特征降维的任务和种类

上一节提到，特征项必须具备完全性和区分性，以达到能够充分表达并区分文本的作用。虽然往往这两点标准和特征项数量成正比，但对于分类而言，过多的特征项却容易导致分类效果差、准确度低的致命弱点。高维数的特征向量使得分类由于计算量过大而无法直接应用，更使得分类效果由于大量的噪声数据和冗余数据而变得不理想。因此特征词的降维就是要在保证不损害文本核心信息的情况下尽量地将特征词的数量压缩，以此来优化分类计算速度、提高分类处理效率。因此特征降维的任务有以下两个：(1) 提高分类准确性。选取的特征项里会含相当数量的对分类无关的特征项，这些特征会对分类造成干扰，从而影响分类准确性。(2) 提高分类速度。一般训练文本选取出的特征项数目很大，能达到会成千上万个，但事实上每篇文档涉及只是其中一小部分（只有几百个，甚至几十个）。因此通过抽取最有效的特征项对向量空间进行降维，不仅能有效表达文本，还能提高分类速度。

文本特征降维方法大致可以分为以下四类：（1）从总特征集中挑选出一些最具代表性的特征；（2）根据专家的知识挑选最有影响的特征；（3）用数学的方法进行选取，找出最具分类信息的特征；（4）依据某种原则构造从原始特征空间到低维空间的一个变换，从而将原始特征空间所包含的分类信息转移到新的低维空间中，如主成分分析、线性区分分析、概念索引等。最后一种选取出的特征项解释度较低，而且方法比较复杂，应用不广。而前三种方法所获得的特征则更接近文本的语义描述，复杂度较低，因而应用较为广泛。其中，第三种方法完全按照统计学的思想抽取，不夹杂主观因素，符合统计自然语言处理的初衷，同时通过数学计算的方式抽取的特征项比较客观、精确，尤其适于文本自动分类挖掘系统的应用。因此如果没有特殊说明，下文提到的特征降维都是指第三种方法下的降维方法。

3.2.3.2 特征降维算法

特征降维的方法有很多种，其中比较常见的有文档频率（DF）法、信息增益（IG）法、统计量（CHI）法、互信息（MI）法、术语强度（TS）法等。这些方法的基本思想都是对每个特征计算它的某种统计度量值，再设定一个阈值 T，把度量值小于 T 的特征过滤掉，剩下的就是能对文档进行有效表征的特征。对于这些特征值选择的方法的比较，已有部分学者进行了研究。本章选取了比较经典的三种降维方法，比较其对分类效果的影响。

（1）文档频率 DF（document frequency）。文档频率是指出现某个特征项的文档的频率。通常从训练语料中统计出包含某个特征的文档频率个数，再根据设定的阈值进行筛选。计算公式如下：

$$DF(t_i) = \sum_{j=1}^{M} N(C_j, t_i) \tag{3.14}$$

其中，C_j表示第j类，在二分类中，$M=2$。$N(C_j, t_i)$表示出现特征t_i且属于C_j的语料数目。

这种方法简单易行，可扩展性好，适合超大规模文本数据集的特征选择。但是和通常信息获取观念有些抵触。信息获取观念认为，稀有的更有代表性，某些特征虽然出现频率很低，但是往往包含较多信息，对分类贡献很大，却会被 DF 法排除在外。

（2）信息增益 IG（information gain）。信息增益法是通过衡量某个特征项为整个分类所提供的信息量的多少来确定这个特征项的重要程度。某个特征项的信息增益就是有这个特征项和没有这个特征项时，为整个分类所提供的信息量的差。此处，信息量由信息熵来衡量。信息熵是描述一个随机事件的结果不确定性的数量。熵越大，则不确定性越大，不确定性越大就越难估计事件的结果。

在介绍具体算法之前，首先用表 3.6 来描述特征和类别之间的关系——相关表（contingency table）。

表 3.6　　相关表

特征项	C_j	$\overline{C_j}$
t_i	A	B
$\overline{t_i}$	C	D

表3.6 中，A 表示包含t_i且属于C_j类的文档频率；B 表示包含t_i但不属于C_j类的文档频率；C 表示不包含t_i但属于C_j类的文档频率；D 表示不包含t_i且不属于C_j类的文档频率。

设信息出现（如“硬币出现某一面”“一篇文档属于某一类”）的概率空间为$P=\{P_1, P_2, \cdots, P_n\}$。在引入某个特征项$t_i$之前，系统的熵

（即一个随机文档落入某个类的概率空间的熵）为：

$$\text{Entropy}(t_i) = -\sum_{j=1}^{M} P(C_j) \times \log P(C_j) \tag{3.15}$$

在观察到 t_i 以后，文档属于情感类 C_j 的概率就应该是条件概率 $P(C_j \mid t_i)$，对应于相关表中的 A/A + C。此时特征项 t_i 在类别 C_j 分布的熵为：

$$\text{Entropy}(t_i) = -\sum_{j=1}^{M} P(C_j \mid t_i) \times \log P(C_j \mid t_i) \tag{3.16}$$

该值越大，说明分布越均匀，越有可能出现在较多的类别中；该值越小，说明分布越倾斜，词可能出现在较少的类别中。

而信息增益指特征项 t_i 为整个分类所能提供的信息量，即 t_i 出现所导致的熵的变化量：不考虑任何特征的熵和考虑该特征后的熵的差值。公式表示为：

$$\begin{aligned} IG(t_i) = & \left[-\sum_{j=1}^{M} P(C_j) \times \log P(C_j) \right] - \Big\{ P(t_i) \\ & \times \left[-\sum_{j=1}^{M} P(C_j \mid t_i) \times \log P(C_j \mid t_i) \right] + P(\bar{t}_i) \\ & \times \left[-\sum_{j=1}^{M} P(C_j \mid \bar{t}_i) \times \log P(C_j \mid \bar{t}_i) \right] \Big\} \end{aligned} \tag{3.17}$$

IG 越大，则表明这个特征项对分类的贡献越大。因此一般我们通过降序排列选取信息增益较大的特征项。

（3）χ^2统计量 CHI（Chi-square statistic）。χ^2统计量是衡量某个特征项和类别之间的关联程度。该方法认为词条与类别之间没有独立性，并假设它们之间具有一阶自由度的 χ^2 分布，CHI 的值越高，词条和类别之间的独立性越小，相关性就越强。

在二分类下，CHI 的公式为：

$$CHI(t_i) = \frac{[N(C_1,t_i) \times N(C_2,\overline{t_i}) - N(C_2,t_i) \times N(C_1,\overline{t_i})]^2}{[N(C_1,t_i) + N(C_2,t_i)] \times [N(C_2,\overline{t_i}) + N(C_1,\overline{t_i})]} \tag{3.18}$$

$N(C_1, t_i)$ 表示出现特征t_i且属于C_1类的语料数目，$N(C_1, \overline{t_i})$ 表示不出现特征 t_i 但属于 C_1 类的语料数目。$N(C_2, t_i)$ 表示出现特征 t_i且属于C_2类的语料数目，$N(C_2, \overline{t_i})$ 表示不出现特征 t_i 但属于 C_2 类的语料数目。

CHI 算法综合考虑了特征与类别出现的各种可能性，在文本数量逐渐增多的过程中，稳定性很好，但是却有对低文档频的特征项不可靠，而且不能说明词条和类别的相关性的缺点。

3.2.4 影响因素四：特征项权重

特征词提取后需要给每一个特征项附上一个权重，用以衡量每个特征项在文本表示中所起到的作用大小，能力强弱和重要程度。常用的特征权重计算方法有布尔权重法、绝对词频法（TF）、倒排文档频度法(IDF)、TF-IDF 法及基于它的各种变化法、平方根函数、对数函数和熵权重等。

3.2.4.1 布尔权重值

布尔权重是最简单的特征权重计算方式，其公式如下：

$$w_{ij} = \begin{cases} 1 & tf_{ij} > 0 \\ 0 & tf_{ij} = 0 \end{cases} \tag{3.19}$$

如果特征项出现，则文本向量的该分量就为1，不出现则为0。

3.2.4.2 TF-IDF 函数

TF 表示词频，它表示当前词项对文档的内容的描述能力；IDF 称为反文档频率，用于表示当前词项对文档的区分能力。TF-IDF 的基本假设是：在一篇文本中出现较多次的单词，在另一篇同类文本中它的出现次数也很多，反之亦然。其公式如下：

$$w_k(d) = \mathrm{TF}(t_k, d) \times \log\left[\frac{N}{DF(t_k)}\right] \tag{3.20}$$

其中，N 表示总共的文本数，$DF(t_k)$ 为含有特征词的文本数，$\frac{N}{DF(t_k)}$ 则表示特征词 t_k 在所有文本中的分布状况。这时，权重与特征项在文档中出现的频率成正比，与在整个语料中出现该特征项的文档数成反比。

在信息检索领域，使用词 TF-IDF 作为权重的计算方法获得了巨大的成功。但是后来许多的试验证明了在处理情感分析的问题上，布尔权重的特征表示的效果往往要好于词频的表示方法。这背后的意义在于一篇文章的情感类别，一个带有情绪信息的特征词出现几次并不是最重要的，重要的是它出现与否，在哪个类别中出现，也就是说，文本的情感类别往往是一些关键的特征词一旦出现就已经确定了。本书对于文本分类的研究特点在于基于情感分析的角度，因此考虑到情感文本的特殊性，采用布尔权重法计算本书的特征权重。

在确定了特征向量和权重计算方法之后，需要对语料库中所有的语料进行标注，本书使用 VBA 程序实现了所有语料的自动标注。将语料库中非结构化的、机器无法理解识别的无序化数据转化成了结构化的、可以让计算机理解识别的有序数据。标注完的语料库会生成一个待处理文档，用于下一阶段的分类器输入处理。

3.3 情感极性分类的准确率分析

已有研究显示，采用统计方法进行情感分类的研究中，分类算法相对成熟，特征项的选择、降维等方面的研究存在争议和不足，且在已有研究中，对其他影响情感分类结果的因素鲜有考虑，如语料的级别，未对语料的长度进行区分，使得研究结论无法追溯到语料的级别，从而影响了相关研究的借鉴价值。本章选择在线评论中领域跨度较大的“手机评论——产品型语料”和“酒店评论——服务型语料”作为实验语料，选取名词、动词、形容词、副词的组合（NVAA）和 N - gram 作为情感文本的候选特征项，采用三种典型的特征降维方法对候选特征项进行降维处理，并且在各种阈值下获得多种可供实验的向量。通过实验，分析和比较了特征数、特征选择、特征降维、语料级别等因素对情感分类效果的影响。实验的基本流程如图 3. 4 所示。

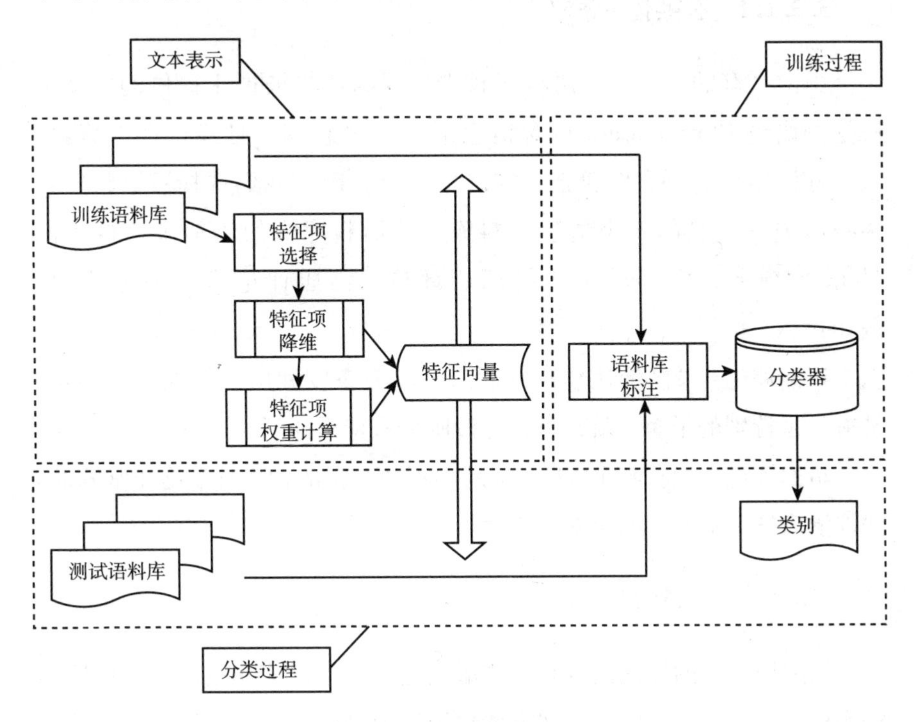

图 3. 4　实验的基本流程

3.3.1 语料库构建

本书使用 PHP 语言实现网络爬虫，来完成网页中在线评论的下载。利用网络爬虫，可以根据用户需求自由下载页面中必要的字段。

为加强本实验研究结果的稳定性和鲁棒性，在语料库的选择方面，我们采用了“公共情感语料库”和“自建情感语料库”相结合的方式，在语料领域的选择方面，选择了跨度较大的手机语料（产品型语料）和酒店语料（服务型语料）进行研究。

3.3.1.1 公共情感语料库

国内已有的公共情感语料库较少，因为谭松波博士提供的中文情感挖掘语料 ChnSentiCorp 包含情感语料数量较多，且经过多次修订，人工标注结果的可靠性较强、准确率较高，因此我们选择该语料库作为我们进行实验的一个情感语料库。该语料库内的语料来自携程网（http：//www. ctrip. com）上的酒店评论。酒店评论是服务型语料。例如：

正面评论：“性价比较高的酒店，服务态度和房间的配套都不错，被褥都是特别的干净。就是地毯比较脏，有待提高。”

负面评论：“标准间太差，房间还不如 3 星的，而且设施非常陈旧。建议酒店把老的标准间重新改善。”

3.3.1.2 自建情感语料库

情感语料库的标注内容和标注形式决定了它的应用范围。以情感语料库构建为基础，可以训练文本情感识别模型，从事情感词汇本体的自动学习和统计情感迁移规律等研究。本章的研究目的是训练文本情感识别模型，从而进行粗粒度的情感极性分类，因此需要的标注内容主要是语料的情感倾向，情感语料的标注过程在第3.2.1节已经详细介绍，这里不再复述。

我们选取京东网站（www.360buy.com）的手机评论——产品型语料，并按照第3.2.1节的语料库构建过程标注了情感语料库内的语料情感极性。例如：

正面评论："外观漂亮，屏幕够大!"

负面评论："电池不好，触摸屏不够灵敏。"

3.3.1.3 语料级别划分

为研究语料长度对分类效果的影响，本书将语料分为句子级语料和的段落级语料，句子级语料指只包含1个句子的评论，段落级语料指不少于2个句子的评论。

为提高实验效率，我们首先选取"手机评论中的句子级语料"和"酒店评论中的段落级语料"进行实验。其中，句子级语料规模为1500篇（正类750篇，负类750篇），按4:1的比例划分，其中4份作为训练语料，1份作为测试语料。段落语料语料规模为1925篇（正类929篇，负类996篇），按4:1的比例划分，其中4份作为训练语料，1份作为测试语料。

3.3.2 特征项选择

3.3.2.1 词和词的组合

本书采用中国科学院计算技术研究所开发的ICTCLAS系统（http://ictclas.org/），对训练集进行分词和词性标注，从训练集中的评论提取表3.7中四类词作为备选特征，供进一步算法进行抽取。

表 3.7　　选取的四类特征项

词性	举例
名词	功能，性价比
形容词	不错，漂亮
动词	用，看
副词	很，也

在提取特征项的过程中，应按照以下原则处理：

（1）为了考虑否定词在评论中的重要影响，如果评论中出现类似“不”“不是”等否定词，则将否定词与该否定词修饰的词（通常为名词、形容词、副词或者动词）组合在一起作为一个词考虑。比如“我不喜欢手机的外形，看上去不舒服”，两次出现了否定词“不”，就需要分别将其所修饰的词语“喜欢”和“舒服”连在一起提取，因此提取出的特征词应该是“不喜欢”和“不舒服”，这种处理可以很大程度地将否定词考虑进去，从而能更好地反映评论的实际情感。

（2）中文表达方式比较丰富，有时，一个词在句子中的不同位置会表现出不同的词性，比如“这个显示屏效果很出色”中的“很出色”是形容词，而“这个功能很出色地满足日常需要”中的“很出色”则为副词。为不影响分析不同词性的分类效果，本书将表现为不同词性的同一词当作不同的特征项处理，即上面的“很出色”既出现在形容词中，又出现在副词中。这样不仅不会影响在不分词性情况下所有特征词的统计量，而且能最大限度地考虑了每种词性下能出现的各种特征。

（3）当形容词、副词后出现“的”、“得”和“地”时，不将这些词和形容词、副词考虑在一起。专有名词中出现的副词形容词不拿出来单独作为副词和形容词考虑，而应该作为名词。比如“小键盘”中的“小”就不当作形容词考虑。比如出现“好看的”只选取“好看”作为形容词。表 3. 8 给出两个特征选取的例子。

表 3.8　　　　　　　　　特征选取示例

文件	名词	频数	形容词	频数	动词	频数	副词	频数
按键后总感觉顿一下才有反应，电池不耐用，两天充一次。	键	1	不耐用	1	按	1	总	1
	一下	1			感觉	1	才	1
	电池	1			顿	1		
	两天	1			充	1		
看电影很方便，听歌感觉不错。	电影	1	方便	1	看	1	很	1
	歌	1	不错	1	听	1		
					感觉	3		

3.3.2.2　N－gram

N－gram 算法的基本思想是将文本按字节流从第一个字符开始从左向右移动，每次移动一个字符单位，窗口中出现的 n 个字符即为一个 N－gram。与选取词、词的组合作为特征项相比，N－gram 具有如下优点：（1）语种无关性，可以同时处理中英文、繁简体文本。（2）不需对文本内容进行语言学处理，无须进行分词和词性标注处理。（3）对拼写错误的容错能力强，对输入文本的先验知识要求低。（4）无须词典和规则。

鉴于 N－gram 的以上优点，本书选择 N－gram 作为特征项。已有的研究中，关于不同阶数 N－gram 的分类效果争议较大。因此，结合中文评论中词汇的特点，本书使用 VBA 程序实现了长度为 N 的滑动窗口操作，从训练集中的评论提取表 3.9 中 1－gram（Unigram）、2－gram（Bigram）、3－gram（Trigram）作为备选特征。在提取 1－gram、2－gram、3－gram 作为特征项时，长度为 N 的滑动窗口会将标点符号也识别为一个 gram 片段。这些 gram 片段尽管出现次数较多，占据大量空间，但对情感分类的作用却微乎其微，因此为提高分类效率，我们通过 VBA 程序将这些符号剔除。

表 3.9　　选取 N - gram 特征项

文件	1 - gram	2 - gram	3 - gram
性价比不错。	性	性价	性价比
	价	价比	价比不
	比	比不	比不错
	不	不错	不错。
	错	错。	
	。		

3.3.2.3　规律性模式

规律性模式——词对。利用文本中出现的词的词性信息（如名词、形容词）和位置信息（如二者位置接近）来构造词对，并使用这些词对来表示文本。

通过句法结构的分析（哈工大句法分析器：http：//ir. hit. edu. cn/demo/ltp/）可知，评论中常见的词对形式如下：（1）N/A、A/N 对，如价格便宜、大屏幕。（2）V/A、A/V 对，如操作简单、方便携带。（3）N/V、V/N 对，如手机很值、有蓝牙。（4）VV 对，如满足使用、有待提高。（5）NVA，如电池能用很久。（6）NNA，如屏幕分辨率很好。

由以上数据可以看出，主谓结构（SBV）为评论中的常见结构，所以我们提取符合主谓结构的词对作为特征项。但在数据处理过程中，通过语料标注发现，采用词对作为特征项，存在严重的数据稀疏问题，如表 3.10 所示。

表 3.10　　语料标注结果（部分）

序号	语料	特征词			
		外观可以	操作方便	触摸屏灵敏	电池久
1	比较便宜，功能较全。	0	0	0	0
2	外观还可以，蛮漂亮的！	1	0	0	0

续表

序号	语料	特征词			
		外观可以	操作方便	触摸屏灵敏	电池久
3	大厂大牌，品质值得信赖。	0	0	0	0
4	价格低，质量还行。	0	0	0	0
5	屏幕大，清晰，不错，我认为操作也很方便，电池也用得挺久的。	0	1	0	1
6	显示屏大，而且电池也用得久。	0		0	0
7	功能还算齐全，触摸屏也灵敏。	0	0	1	0
8	屏大，待机时间长。	0	0	0	0
9	功能齐全，电影效果不错。	0	0	0	0
10	娱乐性还可以。	0	0	0	0
11	比较漂亮，手感很好。	0	0	0	0
12	功能还比较全。	0	0	0	0
13	操作界面不死板，开机后第一印象不错。	0	0	0	0
14	东西还好吧。	0	0	0	0
15	东西实惠，能放几乎所有的手机流行格式，性价比非常高！	0	0	0	0

严重的数据稀疏会导致分类器的分类效果差，如要减少数据稀疏的情况，则需要对大量的数据进行处理，从而大大降低了分类的效率。所以在本章后文的实验中，我们没有选择词对作为特征项。然而经分析发现，词对关系可以用在“属性观点对”的提取中，这将是第 5 章研究的内容。

3.3.2.4　概念

在情感分类中，我们分类的主要目的是褒贬分类，所以我们尝试定义同样情感的词作为特征，比如褒义词（开心、不错、好等）和贬义词

（差、旧等）。因为褒义词大多出现在支持类文档中，贬义词大多出现在反对类文档中，如表 3.11 所示。

表 3.11　　不同情感特征词出现次数　　单位：篇

编号	特征词	支持类中包含该特征文档数	反对类中包含该特征文档数	包含该特征的总文档数
1	不错	209	91	300
2	好	184	96	280
3	差	23	217	240
4	小	32	103	135
5	一般	44	79	123
6	很好	91	28	119
7	方便	66	48	114
8	不好	23	80	103
9	大	42	59	101
10	旧	24	75	99
11	陈旧	18	69	87
12	可以	45	42	87
13	近	29	47	76
14	干净	43	19	62

所以只选择一类词（褒义词或贬义词）作为特征项，会降低对另一类文档的分类效果。如果选择两类词（褒义词和贬义词）作为特征项，则和选择“词和词的组合”作为特征项时，有大量的重复词汇。所以，为了提高准确率并避免重复，在后文的实验中，我们没有选择概念作为特征项。

3.3.3　特征项降维

经过上一步骤，选取出的特征项数量如表 3.12 所示。

表 3.12　**特征项统计结果**　单位：个

特征项	特征项数目	
	手机	酒店
NVAA	5982	8985
1 - gram	15041	18102
2 - gram	9641	12352
3 - gram	6468	8347

由统计值可以看出，经过特征项选择，会有数千乃至上万的特征项被选择出来，如直接进行特征向量赋值，那特征向量将是数千上万维的。因此，特征降维显得尤为重要。特征降维的目的是降低向量维数并尽可能剔除对情感贡献不大特征的干扰从而达到理想准确率。在这里，笔者用常用的抽取算法 DF、IG 和 CHI，并考察其降维效果。表 3.13 是分别根据这三种算法抽取出来的排在最前面 20 个的特征。

表 3.13　**三种抽取算法下前 20 位的 NVAA 比较**

排序	手机			酒店		
	CHI	DF	IG	CHI	DF	IG
1	不错	不错	不错	不错	房间	不错
2	太	好	太	很好	酒店	很好
3	外观	功能	很	没有	服务	没有
4	很	太	外观	很不错	没有	差
5	功能	外观	有点	差	入住	根本
6	有点	大	漂亮	根本	不错	很不错
7	漂亮	用	慢	非常好	是	非常好
8	后盖	屏幕	便宜	很差	有	很差
9	慢	后盖	后盖	还会	住	还会
10	性价比	电池	性价比	很干净	设施	连
11	好	很	也	房间	感觉	最差
12	高	也	高	连	也	很干净

续表

排序	手机			酒店		
	CHI	DF	IG	CHI	DF	IG
13	也	性价比	好	不过	早餐	招待所
14	适合	有点	适合	简直	但	简直
15	手机	价格	可以	招待所	都	不如
16	大	漂亮	手机	就	价格	很舒服
17	价格	高	没有	居然	但是	房间
18	没有	手机	小	很方便	前台	换
19	可以	慢	价格	最差	还	太差
20	便宜	小	不	换	说	居然

从表3.13中可以看出，有些词语具有直观上的语义倾向，比如“不错”“漂亮”这些词语具有鲜明的正面情感，而有些词语本身则没有那么明显的情感，比如“很”“适合”“性价比”等，但是这些词无论用哪种方法都排在很前面，说明这些词虽然表面没有什么特别的情感流露，但在统计上，却和某种情感有一定的联系。这正是基于语义的分类方法和基于统计自然语言的机器学习方法所不同的，统计自然语言方法只是基于统计上的数值，能从人们发表评论表达情感时的用词习惯中去发现词语和情感的内在联系，而不考虑词语本身的含义。这也正是此方法的最大优点，也是能达到比一般语义方法更好分类效果的原因之一。

另外，从表3.13中还可以发现有些词不管在什么抽取方法下，都非常靠前，比如“不错”“太”等，而有些词在不同方法下的重要性就差很多，比如“电池”“便宜”等，我们推测正是这些不同的特征词造成了不同方法降维效果的差异。

将选取的特征项分别用CHI、DF、IG法降维，并用布尔权重法设置权重后，本书使用VBA程序实现了所有语料的自动标注。将语料库中非结构化的、机器无法理解识别的无序化数据转化成了结构化的、可以让计算机理解识别的有序数据。标注完的语料库会生成一个待处理文档，用于下一阶段的分类器输入处理。

经过以上处理后，非结构化的、机器无法理解识别评论被转化成了结构化的、可以让计算机理解识别的有序数据，并被输入分类器。分类器的输出值为1和-1，其中，1表示评论为正面情感，-1表示评论为负面情感。

3.3.4　分类器选取

如前所述，SVM情感分类的效果较好，为此选用SVM作为分类器。核函数的类型影响了SVM分类器的性能。常用的核函数有多项式和函数、径向基核函数RBF和Sigmoid核函数。其中RBF目前应用最广泛，李晓宇（2005）提到RBF是一个普适的核函数，通过选择合理的参数可以适用于任意分布的样本，因此本书采用RBF作为核函数。

本书选取张至中（Chih-Chung Chang）和林智仁（Chih-Jen Lin）的LIBSVM-A Library for Support Vector Machines（http：//www.csie.ntu.edu.tw/～cjlin/libsvm/）所提供的SVM分类器进行实验操作，具体操作步骤如图3.5所示。

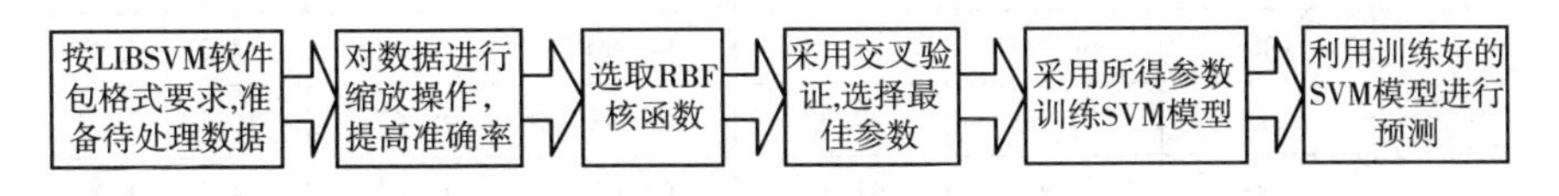

图3.5　SVM操作步骤

3.3.5　实验结果

3.3.5.1　语料规模对分类性能的影响

为加强实验的鲁棒性和可靠性，我们选择了“公共情感语料库”中的“酒店语料——服务型”和“自建情感语料库”中“手机语料——产品型”进行实验。为提高实验效率，我们首先选取“手机评论中的句子级语料”和“酒店评论中的段落级语料”进行实验。其中，句子级语料规模为1500篇（正类750篇，负类750篇），按4∶1的比例划分，其中4份作为训练语料，1份作为测试语料。段落级语料语料规模为1925篇（正类929篇，负类996篇），按4∶1的比例划分，其中4份作为训练语料，1份作为测试语料。

为研究语料中“训练集规模”对分类性能的影响，我们分别选取训练集全部语料的1/4、2/4、3/4和全部语料作为训练集（其中，手机语料的训练集中语料数量分别为300、600、900、1200篇，酒店语料的训练集中语料数量分别为385、770、1155、1540篇），选取名词、动词、形容词、副词的组合（NVAA）作为特征项，并采用DF法抽取不同数量（150、200、250个）的特征进行实验。表3.14和图3.6、图3.7是此实验结果。

表3.14　　训练集规模对分类性能影响

语料领域	特征项数量（个）	训练集规模（%）				χ^2	P
		1/4	2/4	3/4	all		
手机（句子）	150	86.00	91.33	96.00	94.67	24.28	0.00
	200	81.33	92.33	94.33	95.67	46.53	0.00
	250	81.67	91.33	95.67	94.67	43.63	0.00
酒店（段落）	150	76.88	83.38	83.64	81.82	7.506	0.057
	200	78.70	82.60	86.23	85.71	9.990	0.019
	250	75.58	86.23	86.23	83.12	20.470	0.00

卡方检验显示，不同训练集规模的分类准确率存在显著差异。

实验结果显示：训练集规模较小时，增加训练集的规模可以提高分类准确率，但当训练语料增加到一定数量时，准确率不再有明显提高，甚至会出现下降，并且训练集规模的增加会导致训练时间的增加。因此，选择训练语料数量时，需要平衡效率和准确率二者的关系。

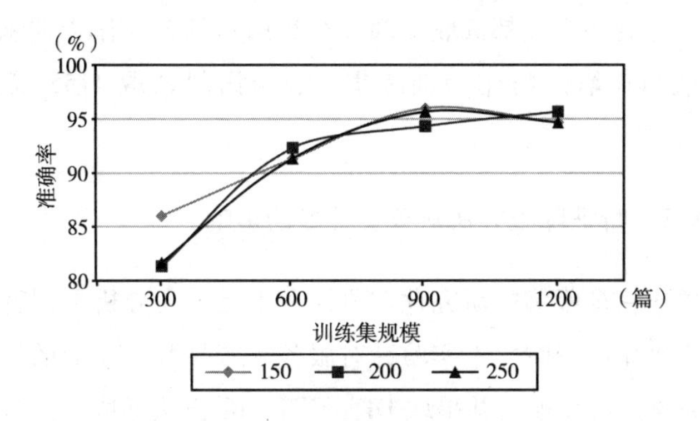

图 3.6　训练集规模对分类性能影响（手机）

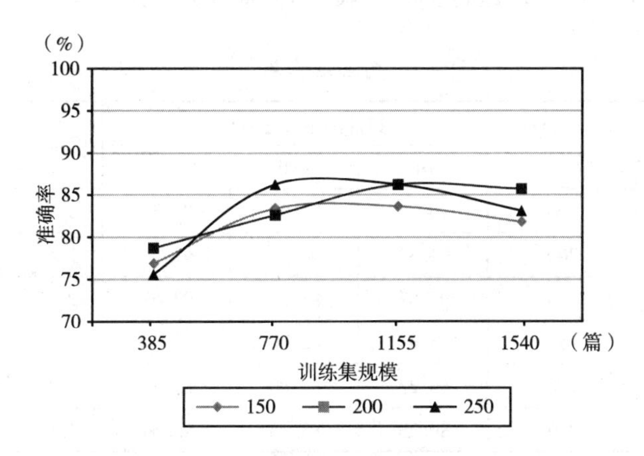

图 3.7　训练集规模对分类性能影响（酒店）

实验结果显示，训练集规模为全部训练集语料的1/2或3/4时出现拐点。因为我们研究的目的是尽可能提高分类的准确性，而手机语料的分类准确率的最大值出现在选取150个特征项进行实验时，酒店语料的分类准确率的最大值出现在选取200个或250个特征项进行实验时。因此，手机语料中，我们选择特征项为150个时的拐点出现处，也就是训练语料的3/4处。酒店语料中，为选择尽可能少的特征项进行实验，从而加快分类速度，我们选择特征项为200个时的拐点出现处，也就是训练语料的 3/4 处。

因此，之后的实验都选取全部训练集语料的 3/4 作为训练集，即手机语料选取 900 篇语料作为训练集，酒店语料选取 1155 篇语料作为训练集。

3.3.5.2 特征降维方法对分类性能的影响

已有关于特征降维的研究存在争议和不足。为分析不同特征降维方法对分类准确率的影响，本实验针对服务和产品两个领域的语料，选择 NVAA 作为候选特征项，并采取 DF、CHI、IG 方法抽取不同数量（150、200、250 个）的特征进行实验。表 3.15 显示了实验结果。

表 3.15　　分类准确率

语料领域	特征项数量（个）	特征降维方法（%）			χ^2	P
		DF	CHI	IG		
手机（句子）	150	96.00	93.67	94.33	1.717	0.424
	200	94.33	96	97	2.693	0.260
	250	95.67	97.33	97.67	2.285	0.319
酒店（段落）	150	83.64	82.60	81.30	0.732	0.694
	200	86.23	82.60	83.38	2.107	0.349
	250	86.23	83.12	83.64	1.625	0.444

卡方检验显示，采用不同降维方法的分类准确率不存在显著差异。因为 DF 方法简单易行，可扩展性好，适合超大规模文本数据集的特征降维，所以在后面的实验中采取 DF 方法作为降维的方法。

3.3.5.3 特征选择方法对分类性能的影响

已有关于特征选择的研究存在争议和不足。为分析不同特征选择方法对分类准确率的影响，本实验中，针对服务和产品两个领域的语料，选取 NVAA 和 N-gram 作为情感文本的候选特征项，采取 DF 方法抽取不同数量（50、100、150、200、250 个）的特征进行实验。表 3.16 和图 3.8、图 3.9 显示了实验结果。

表 3.16　　NVAA 和 N－gram 的分类性能比较

语料领域	特征项数量（个）	准确率（%）				χ^2	P
		NVAA	Unigrams	Bigrams	Trigrams		
手机（句子）	50	87.33	89.67	81.33	62.33	86.983	0.00
	100	93.00	93.00	85.67	65.67	113.632	0.00
	150	96.00	95.00	85.67	68.00	127.10	0.00
	200	94.33	94.00	86.33	70.33	95.810	0.00
	250	95.67	94.00	86.33	71.33	97.058	0.00
酒店（段落）	50	77.66	76.88	73.51	65.45	18.415	0.00
	100	81.82	78.96	77.40	72.99	9.096	0.028
	150	83.64	81.56	78.18	74.29	11.833	0.008
	200	86.23	80.26	80.00	71.95	24.46	0.00
	250	86.23	82.60	80.00	70.39	32.922	0.00

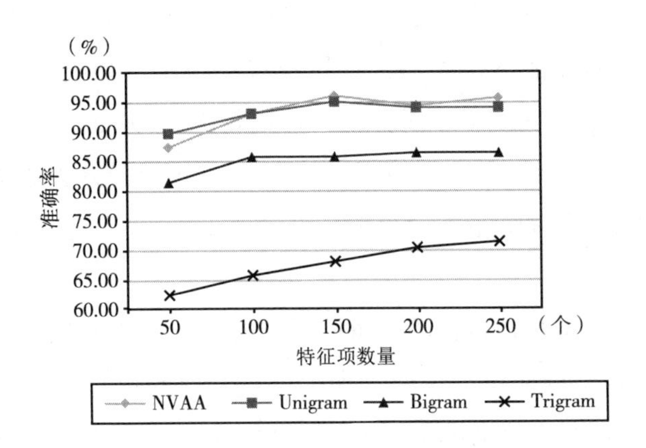

图 3.8　NVAA 和 N－gram 的分类性能比较（手机）

卡方检验显示，采用不同特征选择方法的分类准确率存在显著差异。同时显示，选取的特征项的数量对分类准确率也有显著影响。从图 3.8 和图 3.9 可以看出：

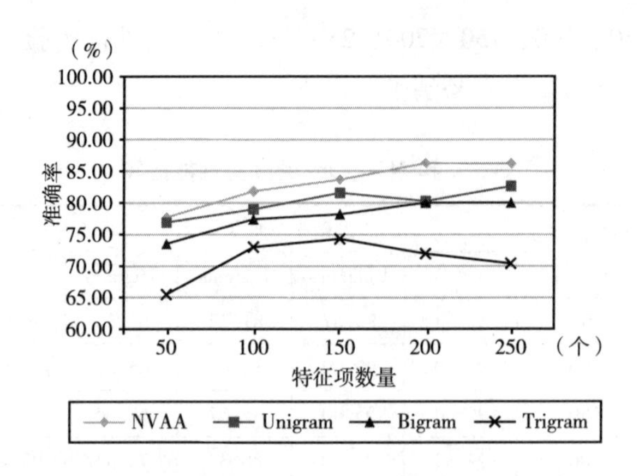

图 3.9　NVAA 和 N - gram 的分类性能比较（酒店）

（1）通常认为，中文词汇中 2 字短语出现频率最大，所以 Bigrams（2 - gram）的分类效率应该最理想。但实验结果显示，选用 N - gram 作为特征项，分类准确性随着阶数的增加而下降。Trigrams（3 - gram）分类准确率最低，Unigrams（1 - gram）的分类效果优于 Bigrams（2 - gram），与 NVAA 的分类准确率接近。原因可能有以下几点：

由 DF 法提取的 NVAA 中，存在很多单个字，如大、高、快、难、紧，这些字情感倾向明显，对分类的作用较大。1 - gram 是选择出现频率较高的字作为特征项，所以采用 1 - gram 和 NVAA 方法选择出的特征项，存在很多相同的内容，这可能是 1 - gram 和 NVAA 分类准确率最接近的一个原因。

采用 2 - gram 提取特征项，可能低估特征项的重要性。例如，表达相同情感的两个特征项“大方”和“大气”，分别出现 10 次和 15 次，使用 DF 法排序时，分别排在 150 位和 100 位，如果按照 1 - gram 统计，“大”出现 25 次，使用 DF 法排序时，则会排在 100 位以内。这种排序在一定程度上更准确地反映了提取出的特征项的重要性。

2 - gram 中出现频率较高的特征项，1 - gram 中肯定出现频率也较高。如 2 - gram 选取出“没有”，1 - gram 选取出“没”和“有”，所以

2 - gram 中对分类贡献最大的特征项在 1 - gram 中都有所体现。

3 - gram 和 2 - gram 的分类效果不理想，其原因是采用这种方法提取特征项会产生大量的冗余数据，占用大量空间的同时也导致了时间和效率上的损失。

（2）选取的特征项的数量对分类准确率有一定影响。

从图 3.8 和图 3.9 可看出，开始随着特征项数量的增加，分类准确率上升较多，但继续增加会分类准确率的上升幅度变小，大概在 150 个或 200 个时出现拐点。为平衡效率和准确率的关系，本书之后的实验选取 150 个特征。

（3）从表 3.16 的数据可知，针对手机的分类准确率，最大值可达 96.00%，针对酒店的分类准确率，最大值为 86.23%，准确率相差 10%。二者分类准确率相差较大的原因可能是：语料长度的影响或语料领域的影响。

3.3.5.4　词性对分类性能的影响

第 3.3.5.3 节实验表明，采用 NVAA 方法进行特征项提取，分类效果较理想。对于海量语料，如果抽取所有的名词、动词、形容词、副词，将会占用很多时间。为此，需要进一步分析各种词性对分类的贡献。

实验分别选取名词、形容词、副词、动词和四种词性的组合作为特征项，采用 DF 法选取 150 个特征进行分类实验。分类的结果如表 3.17 所示。

表 3.17　　四种词性和词性组合的分类表现

语料领域	准确率（%）					χ^2	p
	形容词	副词	动词	名词	NVAA		
手机（句子）	93.67	90.00	79.67	73.33	96.00	96.260	0.00
酒店（段落）	79.74	77.92	77.92	66.23	83.64	36.868	0.00

卡方检验显示，采用不同词性特征项的分类准确率存在显著差异。

从表3.17的值可以看出，形容词的分类效果比较理想，接近考虑全部词性的精确度，这和实验前所预期的形容词包含更多情感信息的假设相吻合。相比之下名词和动词所能到达的准确率差强人意，两者的分类效果基本持平。

3.3.5.5 语料领域对分类性能的影响

在之前的研究中，为节省实验的时间，提高研究的效率，我们选取了“手机语料中的句子级评论”和“酒店语料中的段落级评论”进行研究。为进一步研究语料领域对分类性能的影响，我们设计了该实验。将在“手机评论中的句子级语料”和“酒店评论中的句子级语料”上进行实验的实验结果相比较，将在“手机评论中的段落级语料”与“酒店评论中的段落级语料”上进行实验的实验结果相比较，以判断语料领域对分类性能的影响。

为进行该实验，我们在原有实验情感语料库的基础上，又增加了两个情感语料库，分别是“手机评论中的段落级语料”和“酒店评论中的句子级语料”。针对同一领域的句子和段落两种级别的语料，选取NVAA作为情感文本的候选特征项，并采取DF方法降维，进行实验。表3.18显示了实验结果。

表3.18 语料领域对分类性能的影响

语料领域	语料级别（%）		χ^2	P
	句子	段落		
手机	96.00	81.56	41.85	0.00
酒店	95.00	83.64	26.43	0.00

卡方检验显示，语料级别相同时，采用不同领域语料库进行情感分类的准确率不存在显著差异。语料领域相同时，采用不同级别（句子/

段落）语料进行情感分类的准确率存在显著差异。

这说明，本章采用情感极性分类方法的领域适用性是很好的，不会在不同领域上的分类效果差异太悬殊。这也验证了本书方法在不同语料库上的稳定性和鲁棒性。另外，实验结果说明了语料级别对分类效果影响大，有必要针对段落级的情感语料，提出情感极性分类的改进方法。

我们进一步研究段落语料后发现，段落语料中存在正反态度并存的现象，有些评论在肯定的同时会提出不足及建议，有些评论则在否定中也会对有些事物保有赞扬的态度。该现象会给训练语料的分类带来困难，从而影响最终的分类效果。

3.4　本章小结

分类准确率是情感分类效果的主要衡量因素。如何提高情感分类的准确率，分类准确率的影响因素有哪些成为首要解决的问题。已有研究显示，采用统计方法进行情感分类的研究中，分类算法相对成熟，特征项的选择、降维等方面的研究存在争议和不足，且在已有研究中，对其他影响情感分类结果的因素鲜有考虑，如语料的级别，未对语料的长度进行区分，使得研究结论无法追溯到语料的级别，从而影响了相关研究的借鉴价值。本章选取“服务型评论——酒店评论语料”和“产品型评论——手机评论语料”，对可能影响情感分类效果的因素进行实验研究。实验发现：

（1）语料的级别对分类准确率的影响较大，句子级和段落级的分类准确率约相差10%。采用本书方法，针对句子级进行分类，准确率最高可达96.00%，已经能满足现实商务系统的应用要求；针对段落级进行分类，准确率最高可达86.23%，因此有必要探讨更有效的方法以提高其准确率。

（2）采用DF、CHI、IG三种不同降维方法的分类准确率不存在显著差异。但因为DF方法简单易行，可扩展性好，适合超大规模文本数据集的特征降维，所以在实际应用中，可采用DF法进行特征降维。

（3）选用NVAA作为特征项时的分类准确率优于选用N-gram时，且选用N-gram作为特征项，分类准确率随着阶数的增加而下降，即1-gram>2-gram>3-gram，其中1-gram与NVAA的分类准确率接近。鉴于N-gram具有不需要对文本内容进行语言学处理等优点，可在实际应用中选用1-gram作为特征项。

（4）选用词性和词性组合作为特征项时，因为形容词的分类效果比较理想，所以在对分类准确率没有太高要求（只希望快速达到可以接受的分类准确率）时，可以采用形容词作为特征项，以节约时间，提高效率。

（5）训练语料数量和特征项数量对分类准确率有影响，但并非越多越好。训练语料数量和特征项数量的增加会使训练时间增加，效率降低。因此选择训练集规模和特征数量时应平衡效率和准确率的关系。

第4章 粗粒度情感极性分类的改进方法

最初的粗粒度情感分析的研究主要关注面向句子的分析。然而，用户的情感表露错综复杂，常常发表混合观点评论，既肯定某方面，同时又在批评其他方面。混合观点评论具有句子多、信息量大、噪声多、情感表达复杂等特点。如果将面向句子的方法直接应用在面向段落的情感极性分析中，准确率将降低。上一章的实验结果显示，句子级评论的准确率和段落级评论的准确率相差10%左右。

因此，有学者尝试依据句子的情感倾向计算段落的情感极性。毛（Mao，2006）使用连续条件随机场模型对句子进行情感极性分类，将段落级的评论表示成一系列的句子情感流，并采用句子情感流对段落级情感极性进行预测。张（Zhang，2009）针对中文评论，提出一种基于规则的、从句子级转换到段落级的情感极性分类方法。首先根据情感词和句法结构判断句子的情感极性，然后根据句子的位置等5个特征对句子的重要性进行测量，最后整合句子的情感极性来预测段落的情感。苏尼尔（Sunil，2010）采用BOS（bag of sentence）的观点对段落进行分类。首先对句子进行情感极性分类，然后使用句子的位置等特征对句子打分，根据分数判断句子对段落的作用。

总体而言，通过句子对更高级别的段落情感极性进行预测的方法尚处于探索阶段。一些研究虽然认识到句子位置会影响句子的重要性，但只是通过简单的线性函数来量化影响程度。已有研究中，对其他可能影响情感分类结果的因素也鲜有考虑，如人们的表达习惯。

针对以上问题，在考虑用户表达习惯和语料级别的基础上，本书提出一种基于句子情感的段落情感极性分类方法，该方法根据评论者在段首、段中和段尾的情感流露方式的不同，通过训练语料的统计数据定义句子的重要程度，进而通过句子情感预测段落情感。该方法可以给出用户对产品（服务）的整体观点，能显著提高段落的分类准确率，且具有一定的自适应性。

4.1 基于句子情感判断段落情感极性的基本假设

在上一章中，我们针对句子级和段落级的评论进行比较研究，研究结果显示句子级评论的准确率和段落级评论的准确率相差10%左右，两者有较大的差距。我们进一步分析了句子级和段落级评论的特点，分析发现，句子级评论往往有以下特点：（1）评论较多都是在描述产品本身，而很少有中性的介绍性文字，也就是说评论的情感倾向比较直接；（2）评论往往只会传达作者一种思想，一种意见，很少有两面性的情感夹杂在一起；（3）评论短小精练，甚至几个词语和词组就是整句话的精髓。

段落级评论往往有以下特点：评论语料较长。随着语料长度增加，信息量增大，噪声增多，情感表达也更复杂。比如在一个褒义的评论中，可能会出现的一个情况是：作者虽然在整体上对这个产品持肯定、赞赏的态度，可同时在评论中也指出了产品某些方面的不足。这种情况下，虽然一个文本包含了两种的情感，但由于褒义的情感多于贬义的情感，作者的整体情感还是偏于褒义。但两种情感的存在却增大了文本情感判断的难度。

由于句子级评论具有情感专一性和用词简单性的特点，所以对于情感分析来说，噪声就大大减少，因此分类效果达到一个不错的效果。由于段落级评论中双重情感的存在，给机器学习造成了较大的困难，从而影响到了分类准确率，使得段落级语料的情感分类准确率远小于句子级别的分类准确率。考虑到任何段落都是由句子构成，那么能否将复杂的段落简单化，分割成句子进行分类，然后再汇总成一个段落进行评分给段落一个极性呢？因此在这一章，本书试图通过基于句子级别的情感分类对段落进行判断，此方法主要基于以下几个基本假设：

第一，句子级的分类准确率（96%）远大于段落（86%），这主要是因为段落的情感复杂性和段落的长度造成情感的模糊。如果能够将段落微粒化，每一个微粒即句子的情感极性往往比较唯一，将这种模糊度清晰化后再进行模糊化，可能会提高分类准确率。

第二，一般情况下，一个段落可能会有多重情感，但一句话往往只有一种情感，这也是情感清晰化的基础。虽然此假设也并非绝对，但是整体上较为符合人们表述的习惯，而且，句子级别的评论情感分类准确率能达到96%以上的结果也进一步表明此假设的合理性。

第三，人往往有一定的表达方式，按照习惯，可能在开头或者结尾会奠定或者强调自己的整体情感。所以每一句话在段落中的位置的不同造成了其对整个段落情感贡献的不同，因此通过句子来判断段落还能考虑人们的表达习惯，也许能更进一步提高分类准确率。

4.2 基于句子情感判断段落情感极性的计算方法

给定在线评论集合 $C=\{c_1,c_2,\cdots,c_m\}$，每一条评论 $c_i \in C$ 都以段落的形式存在。因此，c_i 可以表示成一个句子的有限序列，即 $c_i = <s_{i1},\ s_{i2},\ \cdots,\ s_{in}>$，其中 s_{ij} 是一个完整的句子。不论是段落还是句子，统称为语料。本书只考虑段首、段中和段尾3种情况，即 s_{i1} 为段首，

s_{i2}，…，$s_{i,n-1}$为段中，s_{in}为段尾。情感极性通常分为正向和负向两类，表明评论者肯定或否定的态度，C_{pos}和C_{neg}分别表示正类和负类的语料集合。

按照人们的表达习惯，段落中每个句子对整篇段落情感极性的贡献度，按其所处的不同位置而各不相同。如段首的句子常具有总起作用，段尾的句子常具有总结作用，所以相比段落中间的句子，处于段首或段尾的句子对整篇段落情感极性的贡献度更大。基于上述考虑，本书构造公式（4.1）来计算某一段落的情感极性值，并通过情感极性值来判断段落的情感极性类别。

$$T(c_i) = \sum_{j=1}^{n} T(s_{ij}) w_{ij} \tag{4.1}$$

$T(c_i)$是第i篇评论c_i（即段落c_i）的情感极性值。s_{ij}是c_i中第j个句子，$T(s_{ij})$是s_{ij}的情感极性值。当$s_{ij} \in C_{pos}$，则$T(s_{ij}) = 1$；当$s_{ij} \in C_{neg}$，则$T(s_{ij}) = -1$。w_{ij}是s_{ij}对c_i的情感极性贡献度。经公式（4.1）计算，如果$T(c_i) > 0$，c_i属于正类；如果$T(c_i) < 0$，c_i属于负类。

本书认为，句子情感极性贡献度是由句子在段落中出现的位置决定的，也就是处于段首、段中或段尾的句子具有不同的情感极性贡献度，分别表示为w_F、w_M和w_E。于是，公式（4.1）可以转变为公式（4.2）：

$$T(c_i) = \begin{cases} T(s_{i1})(w_F + w_E)/2 & n = 1 \\ T(s_{i1})w_F + T(s_{i2})w_E & n = 2 \\ T(s_{i1})w_F + \sum_{j=2}^{n-1} T(s_{ij})w_M + T(s_{in})w_E & n \geq 3 \end{cases} \tag{4.2}$$

4.2.1 句子情感极性的确定方法

采用第3章中的情感极性分类方法确定句子情感极性。该方法的基本分类过程如图4.1所示，即经过预处理、文本表示（特征项选择、特征项降维、特征项权重设置）、分类器处理，最终得到一个有关情感类别的输出。

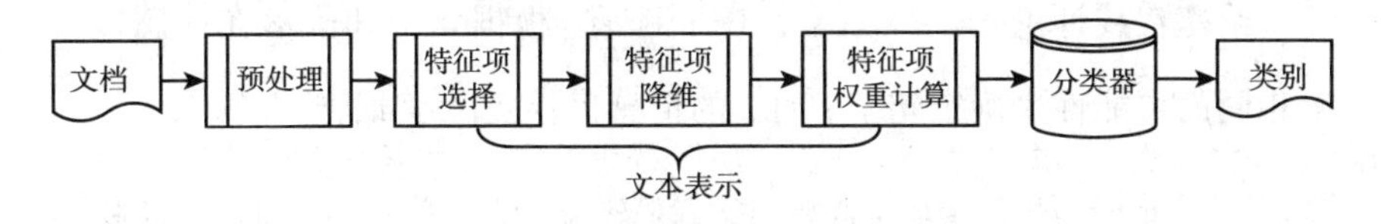

图4.1　情感分类的过程示意

经过第3章的研究我们发现：（1）选用NVAA作为特征项时的分类准确率优于选用N-gram时的分类准确率，因此我们在本章的研究中选用NVAA作为特征项。（2）采用DF、CHI、IG三种不同降维方法的分类准确率不存在显著差异。但因为DF方法简单易行，可扩展性好，适合超大规模文本数据集的特征降维，所以在本章的研究中，我们采用DF法进行特征降维。

4.2.2　句子情感贡献度的确定方法

根据文本属性和统计原理，本书提出3种确定情感极性贡献度的方法。通常，用户的背景和评论的对象都会影响情感表达方式，从而导致处于不同位置的句子在段落中的情感贡献度难以确定。而本书提出的相关度方法和情感条件假设方法，是根据训练语料自动地动态确定情感极性贡献度，具有一定的自适应性。

4.2.2.1　等权重方法

假设$w_F = w_M = w_E$，段落情感极性值等于段落中每个句子的情感极性值之和。这种方法操作简单，不需要统计训练语料各位置的句子和段落情感的相关度。但由于没有考虑人们的表达习惯，这种方法会影响段落情感极性分类的准确性。

4.2.2.2 相关度方法

给定在线评论 $c = <s_1, s_2, \cdots, s_n>$，根据句子和段落在情感极性上相同的可能性来确定句子 s_i 对 c 的情感极性贡献度 w_i：

$$w_i = P((c \in C_{pos} \land s_i \in C_{pos}) \lor (c \in C_{neg} \land s_i \in C_{neg})) \qquad (4.3)$$

此方法将段落和句子放在一起统计，通过段落和句子情感极性的相似概率来衡量情感极性贡献度，考虑了人们的表达习惯，且较为简单。但该方法忽视了正类段落和负类段落中句子情感极性贡献度的差异。例如，同样位于段首，句子在正类段落中和负类段落中的情感相关度可能并不一致。这种现象也是由人们表达习惯所造成的。

4.2.2.3 情感条件假设方法

为了反映相同位置的句子对不同情感极性的段落情感极性贡献度的差异，本书提出情感条件假设方法。以句子的极性为已知条件，该句子对段落的情感极性贡献度为条件概率，也就是 w_F、w_M 和 w_E 分别取决于段首、段中和段尾的句子极性。假设某个情感极性的句子本身只为该情感极性的段落做贡献（即正类句子只为正类段落做贡献，负类句子只为负类段落做贡献），因此情感贡献率即为在该句子极性条件下，段落与句子极性相同的概率。给定在线评论 $c = <s_1, s_2, \cdots, s_n>$，情感极性贡献度的计算公式为：

$$w_i = \begin{cases} P(c \in C_{pos} \mid s_i \in C_{pos}) & s_i \in C_{pos} \\ P(c \in C_{neg} \mid s_i \in C_{neg}) & s_i \in C_{neg} \end{cases} \qquad (4.4)$$

其中，i 为段首、段中或段尾。该方法将句子极性作为条件，将条件概率的思想融入了情感极性贡献度计算中，具有理论上的优良性。

4.3　段落情感极性分类的准确率分析

基于句子情感的段落情感极性分类的流程如图4.2所示，分为3个部分：(1) 将段落划分为句子，并按照第4.2.1节情感极性分类流程，用分类器预测句子情感极性值；(2) 采用统计方法计算段落中不同位置的句子的情感极性贡献度；(3) 由句子情感极性值和情感极性贡献度计算段落的情感极性值，并根据该值对段落进行极性分类。

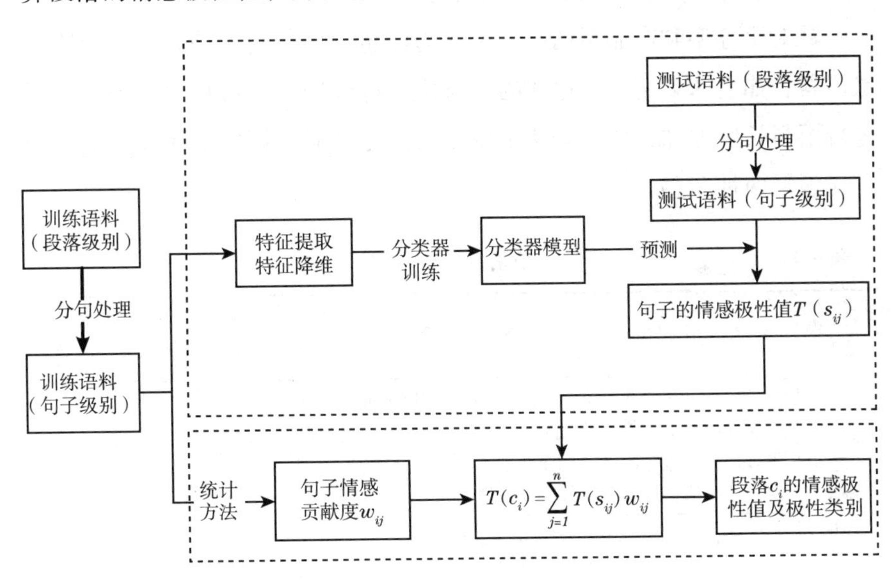

图4.2　基于句子情感的段落情感极性分类流程

4.3.1　语料库构建

在本章中，我们为了验证提出的方法是否也具有领域适用性，结合商务网站在线评论的特点，我们选择了“服务型评论——酒店评论语料”和“产品型评论——手机评论语料”进行研究。

针对“公共情感语料库”中语料数量和语料领域的不足，我们构建了“酒店评论语料库”和“手机评论语料库”。情感语料库的标注内容和标注形式决定了它的应用范围。以情感语料库构建为基础，可以训练文本情感识别模型，从事情感词汇本体的自动学习和统计情感迁移规律等研究。本章需要通过训练语料训练文本情感识别模型并通过训练语料自动地动态确定情感极性贡献度，因此需要的标注内容主要是段落的情感倾向、句子的情感倾向和句子位置信息。情感语料的标注过程在第3.2.1节已经详细介绍，这里不再复述。

针对服务型和产品型两类评论，选择超过2个句子的评论作为段落级语料，如表4.1所示。这样的语料比较符合用户在线评论的习惯，但随着语料长度增加，情感表达也变复杂，有可能一篇段落级评论语料中包含褒贬两种情感。

表4.1　　段落级语料示例

评论类型	语料实例	总体情感极性	句子数量	两重情感
酒店评论	过了好久才想起来评价，记得离火车站超级近，不过方便的同时必然会觉得比较吵。韩日旅游团住这里的很多，前台服务冷淡。两个人住标准间，只给一张房卡，还很挑衅地看我。气得没心情。	负类	3	否
	酒店的设施是很不错的，房间大，设施新，床和被子都很新。洗手间也是干、湿分离。服务员态度也很好，出入都会打招呼。就是餐厅大堂中，适合2~3人吃饭的桌子太少了。还有房价在衢州属于偏高。	正类	5	是
手机评论	手机不是正品，触屏超级不灵，发信息非常困难。而且没有导航键，超级难用，我无语了。	负类	2	否
	优点太多啦，首先触屏我很喜欢，画面的质感特别好，特别方便。然后手机的功能很强大，单词库里的单词挺多的，可以当电子词典用。当然最有特色的还是粉色的后盖，颜色很好，看着很舒心。	正类	3	否

4.3.1.1　酒店评论语料库——服务型评论

选取携程网（www.ctrip.com）的酒店评论作为语料库，正负语料各2000篇，按3∶1的比例划分，其中1500篇为训练语料，其余500篇为测试语料。经过剔除重复及破损的语料，修正分类错误等预处理操作，酒店评论语料库的训练集包括1056篇正类段落和1220篇负类段落，测试集包括330篇正类段落和284篇负类段落，有效语料总数为2890篇。

4.3.1.2　手机评论语料库——产品型评论

选取淘宝网（www.taobao.com）的手机评论作为语料库，正负语料各2000篇，按3∶1的比例划分，其中1500篇为训练语料，其余500篇为测试语料。经过剔除重复及破损的语料，修正分类错误等预处理操作，酒店评论语料库获得1017篇正类段落和1152篇负类段落作为训练集，获得268篇正类段落和332篇负类段落作为测试集，有效总语料数为2769篇。

4.3.2　句子情感极性的确定

首先，对训练集和测试集的语料进行分句处理，在此基础上，为每个段落标注出段首句、段中句和段尾句以方便计算段落的情感极性值。

其次，按照第4.2.1节的情感极性分类方法对句子进行分类。根据第3章中的研究结论，为了提高句子级情感分类准确率，本书选取情感较强烈的名词、形容词、动词、副词（NVAA）作为特征项，选用DF特征降维方法抽取150个特征值来表示文本向量，并选用分类效果较好的SVM进行分类。正类和负类句子分别以1和－1来标识。段落、分句和特征项选择如表4.2所示。

表 4.2 段落分句和特征项选择

<table>
<tr><th>段落</th><th>分句</th><th>句子位置</th><th>句子情感极性</th><th>名词</th><th>形容词</th><th>副词</th><th>动词</th></tr>
<tr><td rowspan="13">地点不错，从客运站坐 TAXI 到饭店大约 7.5 元，柜台小姐先生服务很好！房间更是优，干净整洁舒服，一晚 355 元的价格，很划算。不过早餐有点贵！</td><td rowspan="7">地点不错，从客运站坐 TAXI 到饭店大约 7.5 元，柜台小姐先生服务很好！</td><td rowspan="7">句首</td><td rowspan="7">正向</td><td>地点</td><td>不错</td><td>从</td><td>坐</td></tr>
<tr><td>客运站</td><td>很好</td><td>大约</td><td>到</td></tr>
<tr><td>TAXI</td><td></td><td></td><td></td></tr>
<tr><td>饭店</td><td></td><td></td><td></td></tr>
<tr><td>7.5 元</td><td></td><td></td><td></td></tr>
<tr><td>柜台小姐先生</td><td></td><td></td><td></td></tr>
<tr><td>服务</td><td></td><td></td><td></td></tr>
<tr><td rowspan="5">房间更是优，干净整洁舒服，一晚 355 元的价格，很划算。</td><td rowspan="5">句中</td><td rowspan="5">正向</td><td>房间</td><td>更是优</td><td></td><td>算</td></tr>
<tr><td>一晚</td><td>干净</td><td></td><td></td></tr>
<tr><td>价格</td><td>整洁</td><td></td><td></td></tr>
<tr><td></td><td>舒服</td><td></td><td></td></tr>
<tr><td></td><td>很划算</td><td></td><td></td></tr>
<tr><td>不过早餐有点贵！</td><td>句尾</td><td>负向</td><td>早餐</td><td>有点贵</td><td></td><td></td></tr>
<tr><td rowspan="6">按键后总感觉顿一下才有反应，电池不耐用，两天充一次，也就是看电影还算方便。</td><td rowspan="3">按键后总感觉顿一下才有反应，</td><td rowspan="3">句首</td><td rowspan="3">负向</td><td rowspan="2">键</td><td rowspan="3"></td><td>总</td><td>按</td></tr>
<tr><td rowspan="2">才</td><td>感觉</td></tr>
<tr><td>一下</td><td>顿</td></tr>
<tr><td rowspan="2">电池不耐用，两天充一次，</td><td rowspan="2">句中</td><td rowspan="2">负向</td><td>电池</td><td rowspan="2">不耐用</td><td rowspan="2"></td><td rowspan="2">充</td></tr>
<tr><td>两天</td></tr>
<tr><td>也就是看电影还算方便。</td><td>句尾</td><td>正向</td><td>电影</td><td>方便</td><td>还</td><td>看</td></tr>
</table>

4.3.3 句子情感贡献度的确定

利用训练语料的统计数据，计算位于段落不同位置的句子的情感极性贡献度。为了表述清楚，构造了段落情感极性标识符，将各种情感极性贡献度计算公式和训练语料的统计数据联系起来，如表4.3所示。

表4.3　　段落情感极性标识符

句子位置	句子情感极性	正类段落情感极性标识符	负类段落情感极性标识符
段首	正类	FPP	FPN
	负类	FNP	FNN
段中	正类	MPP	MPN
	负类	MNP	MNN
段尾	正类	EPP	EPN
	负类	ENP	ENN

段落情感极性标识符的第1个字母表示句子位置，第2个字母表示句子极性，第3个字母表示段落极性。例如，MPP表示正类段落里位于段中的正类句子数量。因为每个段落必有段首句，所以正类的训练段落数为 $L_{FPP}+L_{FNP}$（或 $L_{EPP}+L_{ENP}$），负类的段落语料数为 $L_{FPN}+L_{FNN}$（或 $L_{EPN}+L_{ENN}$）。

4.3.3.1　相关度方法

基于表4.3标识符和公式（4.3），段首、段中和段尾句子的情感极性贡献度可表示为：

$$w_F = P((c \in C_{pos} \wedge s_1 \in C_{pos}) \vee (c \in C_{neg} \wedge s_1 \in C_{neg})) = \frac{L_{FPP} + L_{FNN}}{L_{FPP} + L_{FNP} + L_{FPN} + L_{FNP}} \tag{4.5}$$

$$w_M = P((c \in C_{pos} \wedge (s_2,\cdots,s_{n-1}) \in C_{pos}) \vee (c \in C_{neg} \wedge (s_2,\cdots,s_{n-1}) \in C_{neg})) = \frac{L_{MPP} + L_{MNN}}{L_{MPP} + L_{MNP} + L_{MPN} + L_{MNP}} \tag{4.6}$$

$$w_E = P((c \in C_{pos} \wedge s_n \in C_{pos}) \vee (c \in C_{neg} \wedge s_n \in C_{neg})) = \frac{L_{EPP} + L_{ENN}}{L_{EPP} + L_{ENP} + L_{EPN} + L_{ENP}} \tag{4.7}$$

4.3.3.2 情感条件假设方法

情感条件假设方法下的贡献度计算较为复杂，会随着句子极性不同而变化。如果该句子为正类，基于表 4.3 标识符和公式（4.4），段首、段中和段尾的情感极性贡献度可表示为：

$$w_F^{(pos)} = \frac{L_{FPP}}{L_{FPP} + L_{FPN}} \tag{4.8}$$

$$w_M^{(pos)} = \frac{L_{MPP}}{L_{MPP} + L_{MPN}} \tag{4.9}$$

$$w_E^{(pos)} = \frac{L_{EPP}}{L_{EPP} + L_{EPN}} \tag{4.10}$$

如果该句子为负类，可表示为：

$$w_F^{(neg)} = \frac{L_{FNN}}{L_{FNP} + L_{FNN}} \tag{4.11}$$

$$w_M^{(neg)} = \frac{L_{MNN}}{L_{MNP} + L_{MNN}} \tag{4.12}$$

$$w_E^{(neg)} = \frac{L_{ENN}}{L_{ENP} + L_{ENN}} \tag{4.13}$$

最后根据句子情感极性和句子情感极性贡献度，由公式（4.2）计算出段落的情感极性值，得分大于 0 为正类，小于 0 为负类。将段落分类结果与人工分类结果进行对比，计算段落的分类准确率。其中，分类准确率 $P = (A + D)/(A + B + C + D)$，正类准确率 $P_p = A/(A + B)$，负类准确率 $P_n = D/(C + D)$。A、B、C、D 的含义如表 4.4 所示。

表 4.4 分类准确率

	实际为肯定的评论数	实际为否定的评论数
标注为肯定的评论数	A	B
标注为否定的评论数	C	D

4.3.4 句子情感贡献度的计算结果

按照上述算法，对训练语料（酒店评论和手机评论）的段落情感和相应位置的句子情感的关系进行统计，统计结果如表4.5所示。

表4.5　段落和句子相关表实验数据　　单位：篇

语料领域	句子位置	句子情感极性	情感极性为正的段落数	情感极性为负的段落数
酒店	段首	正类	952	76
		负类	104	1144
	段中	正类	1094	120
		负类	414	1176
	段尾	正类	790	55
		负类	266	1165
手机	段首	正类	909	84
		负类	108	1068
	段中	正类	2325	258
		负类	810	2823
	段尾	正类	885	96
		负类	132	1056

按照相关度方法和情感条件假设方法的公式，计算情感极性贡献度，结果如表4.6所示。

表 4.6　　各方法下的情感极性贡献度　　单位:%

语料领域	句子位置	句子情感极性	情感极性贡献度（相关度方法）	情感极性贡献度（情感条件假设方法）
酒店	段首	正类	$W_F=92.1$	$W_F^{(pos)}=92.6$
		负类		$W_F^{(neg)}=91.7$
	段中	正类	$W_M=81.0$	$W_M^{(pos)}=90.1$
		负类		$W_M^{(neg)}=74.0$
	段尾	正类	$W_E=85.9$	$W_E^{(pos)}=93.5$
		负类		$W_E^{(neg)}=81.4$
手机	段首	正类	$W_F=91.2$	$W_F^{(pos)}=91.5$
		负类		$W_F^{(neg)}=90.8$
	段中	正类	$W_M=82.8$	$W_M^{(pos)}=90.0$
		负类		$W_M^{(neg)}=77.7$
	段尾	正类	$W_E=89.5$	$W_E^{(pos)}=90.2$
		负类		$W_E^{(neg)}=88.9$

从表 4.6 可以得到以下结论：

（1）相关度方法的结果表明，不同位置的句子对段落的情感贡献度不同，其中段首句和段落的情感相关度最高，达 90% 以上，而段尾句次之，段中句最低。这与本书假设段首和段尾会比较重要的想法相符合，并表明段首相对更为重要。这也一定程度上反映出，人们在表达中往往先在段首直抒情感，定下整篇评论的情感基点，而在结尾又会适时进行总结。但是，这种句尾总结并不是必然的，表现为段尾和段中的情感极性贡献度差距并不是那么巨大。

（2）情感条件假设方法的结果表明，不管在段落的哪个位置，句子极性为正类条件下的情感极性贡献度都高于句子极性为负类的情感极性贡献度。其中，当句子极性为正类时，段首和段尾的情感极性贡献度还是比段中的稍高，但是三者之间的差异非常小，几乎可以忽略不计；而当句子极性为负类时，三者之间的差异就较为明显：段首的贡献度明显较高，达到90%以上，段尾次之，段中最低，只有75%左右。这说明在负类句子下，表达习惯有较大的影响。

4.3.5 基于句子情感的段落情感极性分类结果

选用614篇（正类330篇，负类284篇）酒店评论和600篇（正类268篇，负类332篇）手机段落评论作为测试集，并采用分类准确率表示分类的效果。

由表4.7和表4.8看出，不同情感极性贡献度方法下的段落情感极性分类结果存在差异。在等权重方法下，容易出现情感得分为0的情况（比如段首 -1，段尾1），造成无法判断段落情感极性，在表中用“?”进行标注。表4.9显示3种情感极性贡献度方法下的分类准确率。

表4.7 分类结果统计（酒店）

段落编号	段落极性（人工）	SVM分类器预测			等权重方法		相关度方法		情感条件假设方法	
		段首极性	段中极性	段尾极性	段落情感极性值	段落极性	段落情感极性值	段落极性	段落情感极性值	段落极性
1	1	1			1	1	0.921	1	0.926	1
2	1	1			1	1	0.921	1	0.926	1
3	1	1	1		2	1	1.731	1	1.827	1
4	-1	1	-1	-1	-1	-1	-0.748	-1	-0.628	-1
5	1	1		1	2	1	1.78	1	1.861	1
6	1	-1		1	0	?	-0.062	-1	0.018	1
7	1	1	2	1	4	1	3.4	1	3.663	1
8	1	1			1	1	0.921	1	0.926	1
9	1	1	2	-1	2	1	1.682	1	1.914	1
10	-1	-1	0	1	0	?	-0.062	-1	0.018	1
11	1	1		1	2	1	1.78	1	1.861	1
12	1	1			1	1	0.921	1	0.926	1
13	1	1	3	1	5	1	4.21	1	4.564	1
14	1	-1	1	1	1	1	0.748	1	0.919	1

续表

段落编号	段落极性（人工）	SVM 分类器预测			等权重方法		相关度方法		情感条件假设方法	
		段首极性	段中极性	段尾极性	段落情感极性值	段落极性	段落情感极性值	段落极性	段落情感极性值	段落极性
15	1	-1		1	0	?	-0.062	-1	0.018	1
16	-1	-1	-2	-1	-4	-1	-3.4	-1	-3.211	-1
17	1	1			1	1	0.921	1	0.926	1
18	-1	1			1	1	0.921	1	0.926	1
19	1	1	3	1	5	1	4.21	1	4.564	1
20	-1	-1	-1	-1	-3	-1	-2.59	-1	-2.471	-1

表 4.8　　分类结果统计（手机）

段落编号	段落极性（人工）	SVM 分类器预测			等权重方法		相关度方法		情感条件假设方法	
		段首极性	段中极性	段尾极性	段落情感极性值	段落极性	段落情感极性值	段落极性	段落情感极性值	段落极性
1	1	1			1	1	0.912	1	0.915	1
2	-1	-1	-1	-1	-3	-1	-2.635	-1	-2.574	-1
3	1	1			1	1	0.912	1	0.915	1
4	-1	-1	-1	-1	-3	-1	-2.635	-1	-2.574	-1
5	1	1	1	1	3	1	2.635	1	2.717	1
6	-1	-1		-1	-2	-1	-1.807	-1	-1.797	-1
7	1	1	1	1	3	1	2.635	1	2.717	1
8	-1	-1	0	-1	-2	-1	-1.807	-1	-1.797	-1
9	1	1			1	1	0.912	1	0.915	1
10	-1	-1		1	0	?	-0.017	-1	-0.006	1
11	1	1			1	1	0.912	1	0.915	1
12	1	1	1	1	3	1	2.635	1	2.717	1
13	-1	-1	-4	1	-4	-1	-3.329	-1	-3.114	-1
14	1	1	1	1	3	1	2.635	1	2.717	1
15	-1	-1	-4	-1	-6	-1	-5.119	-1	-4.905	-1
16	1	1			1	1	0.912	1	0.915	1
17	-1	-1		-1	-2	-1	-1.807	-1	-1.797	-1
18	1	1			1	1	0.912	1	0.915	1
19	-1	-1	-4	1	-4	-1	-3.329	-1	-3.114	-1
20	1	-1	2	1	2	1	1.639	1	1.794	1

由表4.9看出，相关度方法和情感条件假设方法的准确率明显高于等权重方法。这说明考虑表达习惯的情感极性值方法能显著提高分类效果，同时也印证：人们在表达意见的时候，的确存在较为一致的表达习惯。

表4.9　不同情感极性贡献度计算方法下的情感极性分类准确率　单位：%

评论类型	方法	正类准确率 P_p	负类准确率 P_n	准确率 P
酒店评论	等权重方法	81.8	81.6	81.7
	相关度方法	90.4	86.9	88.8
	情感条件假设方法	93.3	86.3	90.1
手机评论	等权重方法	80.8	80.2	80.5
	相关度方法	87.5	85.2	86.2
	情感条件假设方法	86.5	91.6	89.7

4.3.6　实验结果比较

为了验证基于句子情感的段落情感极性分类的效果，通过4组实验与基于第3章方法的情感极性分类进行对比，实验结果如图4.3所示。

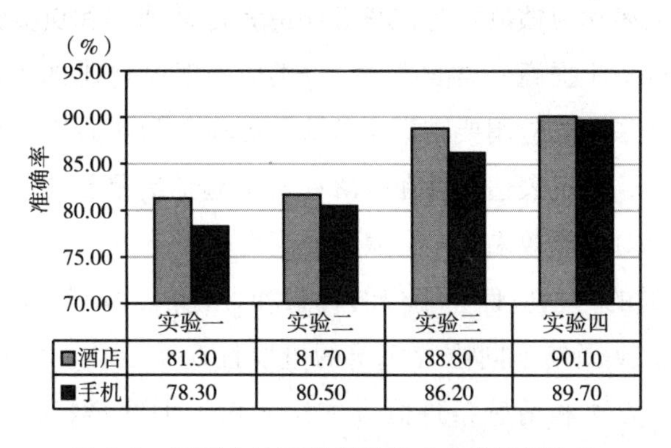

图4.3　不同方法下的段落情感分类结果比较

实验 1：采用第 3 章的情感极性分类方法。用 SVM 分类器判断段落级语料，用 DF 算法抽取特征 150 个进行分类实验。

实验 2：采用基于句子情感的段落情感得分方法对段落语料进行分类，其中句子情感贡献度采用“等权重方法”。

实验 3：采用基于句子情感的段落情感得分方法对段落语料进行分类，其中句子情感贡献度采用“相关度方法”。

实验 4：采用基于句子情感的段落情感得分方法对段落语料进行分类，其中句子情感贡献度采用“情感条件假设方法”。

实验结果显示：

（1）语料级别对分类效果的影响。实验 1 和实验 2 对比可知：单纯将段落分类微粒化，将句子的正面或负面的指标值简单相“加”，该方法能稍微提高分类准确率，但提高的幅度不大。可见，将语料级别作为分类依据能对分类效果产生一定提高，但并不显著。因此考虑人们的表达习惯是有必要的。

（2）表达习惯对分类效果的影响。实验 1 和实验 3 对比可知：考虑评论者在段首、段中和段尾的情感表达习惯能够显著提高段落级语料的情感分类准确率。实验 1 和实验 4 对比可知：考虑评论者在段首、段中和段尾的情感表达习惯的同时，考虑评论者正类情感和负类情感的流露方式，可以进一步提高分类准确率；分类准确率提高到 90% 左右，基本满足现实商务系统的应用要求。实验 2、实验 3 和实验 4 对比可知：相对于语料级别，情感表达习惯在段落评论中起了更重要的作用，将其作为分类依据能对分类效果产生明显的提高作用。

（3）分类的自适应性。用户的背景和评论的对象都有可能影响情感表达方式，从而使不同位置句子的重要性产生变化。实验 3 和实验 4 采用相关度方法和情感条件假设方法，根据训练语料自动地动态确定情感极性贡献度，不仅显著提高了分类效果，且具有一定的自适应性。

4.4　本章小结

第3章的研究发现，语料级别对情感分类准确率的影响比较大。为提高在线评论段落的情感极性分类准确率，在考虑人们表达习惯和语料粒度的基础上，本章提出一种基于句子情感的段落情感极性分类方法。该方法通过“句子的情感极性”和“句子的情感极性贡献度”来对段落进行情感分类，采用已有的基于统计机器学习的分类方法预测句子的情感极性，并提出等权重、相关度、情感条件假设3种方法，能够根据训练语料的统计数据动态地确定段落中不同位置句子的情感极性贡献度。最后，以超过2个句子的手机和酒店在线评论为对象进行实验分析，实验结果显示，与第3章方法相比，考虑了人们表达习惯的相关度和情感条件假设方法显著提高了段落分类的准确率，且具有一定的自适应性。本章中存在以下不足，可以在今后的研究中进一步改进。

（1）基于句子情感判断段落情感极性分类中，假定段落的每个句子非负即正，而忽略了“中立”句，甚至客观性句子。因此将句子分为正类、中立、负类，分别赋值1、0、－1，再计算段落情感极性值，将是今后考虑的研究内容。

（2）基于句子情感的段落情感极性分类中，以0作为正负类分界点。尤其当句子采用正类、中立、负类时，三个分类间的分界点的确定则更为重要。理论上应以能使训练语料的分类准确率最高的分界点作为临界，例如将不同位置的句子极性作为向量特征，再采用诸如SVM的机器算法来训练分类模型，最后实现自动对段落语料的分类，这也是今后可以考虑的研究内容。

（3）中文在线评论中存在的一些连接词，也可能对句子的权重产生影响。例如，起总结作用的“总之”“总而言之”等，起转折作用的

“不过”“但是”等。因此，这些连接词如何影响句子的重要性，将是今后可以考虑的研究内容。

（4）在我们的研究过程中发现，有少量在线评论不符合本章提出的“人们的表达习惯”，例如，有用户习惯在句中位置发表自己观点，表达自己情感。由于这类评论的存在，影响着我们所提出方法的准确率。因此，我们在今后的研究中，有必要对这种类型的评论进行考虑，以进一步改进我们的方法。

第5章　细粒度情感强度分析的改进方法

第3章和第4章的粗粒度情感极性分类，关注面向产品整体的情感极性分析，目的是给出用户对产品的整体观点。然而，在实际应用中，除了获得用户对产品的整体观点，我们有时还需要挖掘更细节、更深入的情感信息，且为对情感进行准确判断，很多情况下也需要识别所修饰的细节——属性词。例如，评论句“手机电池可以使用很久”和“开机时间很久”，前者的“久”修饰“使用”，表达肯定情感，后者的“久”修饰“开机”，表达否定情感。

鉴于以上原因，有必要从评论中识别“产品属性”，并判断用户对不同属性的情感倾向，从而使我们直观地看到客户对于各种产品属性的满意度以及不同产品在各自属性上的优劣。如图5.1所示，我们可以直

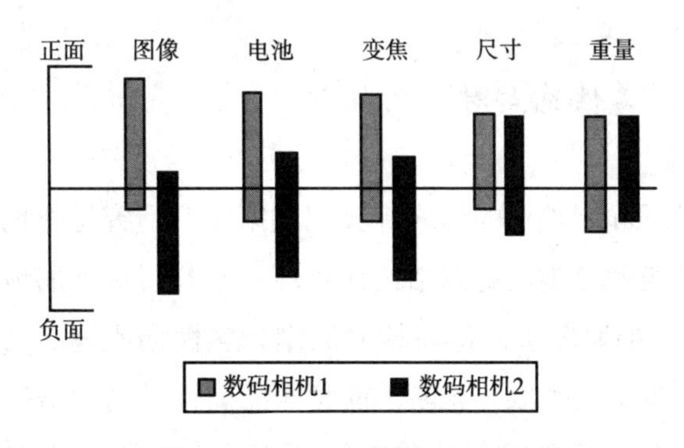

图5.1　针对产品具体属性分类举例

观地看出，数码相机1的图像效果明显优于数码相机2。这对于顾客优化购买决策，或者企业改进产品都能起到重要的指导作用。为此，有必要按照产品的具体属性，细粒度地分析用户的情感倾向。

5.1 细粒度情感强度分析的影响因素

在线产品评论主要包含两类词汇：一是属性词，关于产品的部件、属性、性能及功能的词语，如外观、价格、操作、性能，该类词汇也称为特征词；二是观点词，评论者针对产品及其属性发表的褒贬观点，如超值、不错、漂亮、便宜，该类词汇也称为情感词。

为了用词统一，并与第3、第4章的“特征项”相区分，我们在后文的描述中，采用属性词和观点词进行表述。通过对属性词和观点词的提取与观点词情感的确定，可以判断顾客对产品及其具体属性是否满意。因此，细粒度的情感强度分析中，“属性观点对”的提取和“观点词情感”的确定是两个关键问题。通过“属性观点对”的提取，查找细粒度情感分析中的细节属性，通过“观点词情感”的确定，为细节属性赋情感强度值。

5.1.1 “属性观点对”的提取

关于属性词和观点词的提取，我们在第2章研究综述的第2.3.3节细粒度的情感极性分类已有总结，并发现一些有待深入的地方：已有的“属性观点对”抽取方法，将高频词汇作为属性词或观点词，导致许多与产品无关的词语被提取，忽略了低频产品属性。利用语法关系来抽取属性词与观点词，虽然准确率较高，却不适合口语化严重、语法不规范、语义模糊及主语缺失的在线评论，并且可移植性差。针对已有方法的不足，为提高“属性观点对”的提取效果，我们希望利用词与词之间的位置关系和语义关系，抽取属性词和观点词。

5.1.1.1　词与词的位置关系

词与词的顺序结构关系，是常见的一种词汇间的位置关系，它对属性词和观点词的识别有帮助。在一个句子中有两个连续的词且具有相同的词性，如果其中一个词是观点词，则另外一个词也有很大概率属于观点词。例如，“我喜欢这款又小巧又漂亮的手机”，“小巧”和“漂亮”都是观点词。同理，如果其中一个词是属性词，则另外一个词也有很大的概率是属性词。例如，“屏幕分辨率很好”，“屏幕”和“分辨率”都是属性词。

5.1.1.2　词与词之间的语义关系

在情感表达中，一个句子的句法结构能提供单词间的语义关系。例如，“分辨率”和“好”是主谓结构（SBV）。

5.1.2　“观点词情感”的确定

5.1.2.1　情感词典

词是可以独立运用的最小语言单位，而词义的内容却很丰富，除概念义外，还具有各种各样的色彩义，如感情义、古今义、雅俗义、语体义、修辞义等。感情色彩义是指由词体现出来的反映说话人对所指对象或有关现象的主观态度及各种感情。常见的情感词典包括：

（1）英文情感词典。主要有GI和WordNet。GI词典（1966年开发）是英文文本情感分析研究中常用的基础资源之一，包含11788个英语词汇，其中有1915个词汇标注了“褒义”属性、2291个词汇标注了

“贬义”属性。对于一个词汇的多个义项，词典中将之作为不同条目列出，用于区分某个词语在特定义项或词性上体现的不同褒贬属性。例如英语词汇 kind 作为形容词时，具有褒义情感，而作为名词时则不具有这种情感倾向。GI 的构建依赖手工标注，这些手工标注的词语情感倾向信息成了许多相关实验和研究的基础。

（2）中文情感词典。主要有知网（HowNet）。HowNet 是一个以汉语和英语词语所代表的概念为描述对象，以表示概念与概念之间，以及概念所具有的属性之间的关系为基本内容的常识知识库。在知网中，词语的概念是用“义原”来描述。其中部分词语的情感倾向可以由构成其概念的义原表示出来。目前已经在网上公布了情感词汇资源信息，分为主张词语（38 个）、正面情感词语（836 个）、正面评价词语（3730 个）、负面情感词语（1254 个）、负面评价词语（3116 个）、程度级别词语（219 个）。

已有研究中，常根据情感词典中词汇的情感极性判断观点词的情感。但该种方法存在以下不足：（1）不适合判断情感随语境变化的词语的情感，如“手机电池可以使用很久”和“开机时间很久”，前者的“久”表达肯定情感，后者的“久”表达否定情感。（2）无法覆盖新出现的网络词汇，如“手机总死机”中的“死机”是已有情感词典中不包括的新词汇，但表达了明显的否定情感。（3）已有情感词典只对词汇进行正负分类，而没考虑词汇的情感强度问题。针对以上问题，本章结合统计方法（模糊统计）和语义方法（情感词典），量化观点词的情感强度。

5.1.2.2 否定词

不同的词性组合表征不同的情感，其中，表示程度的词和反义的词起到很重要的作用。在线评论中的否定词几乎可以放在句子的任何地方来改变句子的情感极性及强度，例如：

我不喜欢这款手机。

不是我喜欢这款手机。

我喜欢的不是这款手机。

我不是不喜欢这款手机。

前三句分别使用了否定词“不”“不是”“不是”，使句子的意思和情感发生了改变，最后一句使用了双重否定“不是不”，仍然表示肯定，但意思和情感还是发生了稍微改变。

否定词在在线评论中已经被频繁地使用，对否定词的分析和标记将对情感的准确分析有很大帮助。本章从 HowNet 中抽取出 22 个否定词，并进一步研究否定词对观点词情感强度的影响。否定词有并非、不、不对、不再、不曾、不至于、从不、毫不、毫无、决非、绝非、没、没有、尚未、未、未必、未尝、未曾、永不、不大、不是、无。

5.1.2.3　程度词

程度词和情感的强度相联系。例如，“手机功能强大”与“手机功能非常强大”，显然，副词修饰的形容词（非常强大）比单个形容词（强大）表达的情感强烈。

程度词在在线评论中出现频率很高，而且经常和观点词汇同时出现，以加强评论的情感强度。很多研究者对程度词对情感的影响强弱进行了不同分类研究，张桂宾（1997）根据有无比较对象和程度量级差别将程度词分为两大类四个量级，共八小类，如表 5.1 所示。

表 5.1　　程度词分类 1

绝对程度词	最高级	最、最为
	更高级	更、更加、更为、越发、越加、愈发、愈加、格外
	比较级	比较、较、较为
	较低级	稍微、稍、稍稍、略、略微、略略

续表

相对程度词	最高级	太、过于、万分、分外
	更高级	极、极为、极其、极度、顶
	比较级	多、多么、非常、怪、好、很、老、颇、颇为、十分、相当、挺
	较低级	有点儿、有些

蔺璜（2003）将程度词强度划分成四个级别：极量、高量、中量、低量，其分类情况如表 5.2 所示。

表 5.2　　程度词分类 2

相对程度词	极量	最、最为
	高量	更、更加、更其、越、越发、越加、倍加、愈、愈发、愈加、愈发、愈为、愈益、格外、益发
	中量	较、比较、较为、较比
	低量	稍、稍稍、稍微、稍为、稍许、略、略略、略微、略微、些许、多少
绝对程度词	极量	太、极、极为、极其、极度、极端、至、至为、顶、过、过于、过分、分外、万分
	高量	很、挺、怪、老、非常、特别、相当、十分、好、好不、甚、甚为、颇、颇为、异常、深为、满、蛮、够、多、多么、殊、大、大为、何等、何其，尤其、无比、尤为、不胜
	中量	不大、不太、不很、不甚
	低量	有点、有些

已有研究中，对程度副词的处理，多采用按等级划分，乘以固定的数值，进而求出情感强度的形式，但这种方法是否准确有待考证。例如，潘宇（2008）对程度副词进行等级差别划分，在形容词上下设置一个检测窗口。如果在检测窗口内有程度副词出现，则按程度副词的等级差别相应增加形容词的强度，从高到低依次增加 1.0，0.7，0.5，0.3，计算句子语义极性时考虑程度副词作用，准确率从 75% 提高到了 80%。

本书从 HowNet 中抽取 62 个程度词，并进一步研究程度词对观点词情感强度的影响，程度词有最、最为、极、极为、极其、极度、极端、太、至、至为、顶、过、过于、过分、分外、万分、何等、很、挺、怪、老、非常、特别、相当、十分、甚、甚为、异常、深为、蛮、满、够、多、多么、殊、何其、尤其、无比、尤为、超、那么、不甚、不胜、好、好不、颇、颇为、大、大为、真的、稍稍、稍微、稍许、略微、略为、多少较、比较、较为、还、有点、有些。

5.2　“属性观点对”的提取

现有的方法多针对句式固定、语法规范的英文评论提取“属性观点对”。但这些提取方法并不适用于中文在线评论，因为中文在线评论具有以下特点：

（1）中文评论存在口语化严重、语法不规范、语义模糊及主语缺失的特点。例如，评论句“这款机子太讨厌了，又死机了”。这里的“机子”属于口语词语，书面语为“手机”，这里的“死机”属于网络词汇，书面语中不存在。再例如，“手机很好，功能很强大，只是有点贵。”这里的“贵”存在主语缺失，指的是“价格贵”。

（2）中文评论在表达方式上和英文有较大差别。例如，英语句子中多用连词衔接，而中文偏重语义结构，很少用连接词，如英文评论句“This phone has a very cool and useful feature—the speaker-phone”，中文评论句“这款手机又便宜又漂亮”。

鉴于中文评论的这些特点，中文评论的挖掘难度较大，英文评论挖掘的方法无法直接应用到中文评论中。根据中文在线评论的特点，以手机为例，从使用的词汇及词汇间的语义关系入手，提出一种基于语义词库的识别方法，基本步骤如图5.2所示。

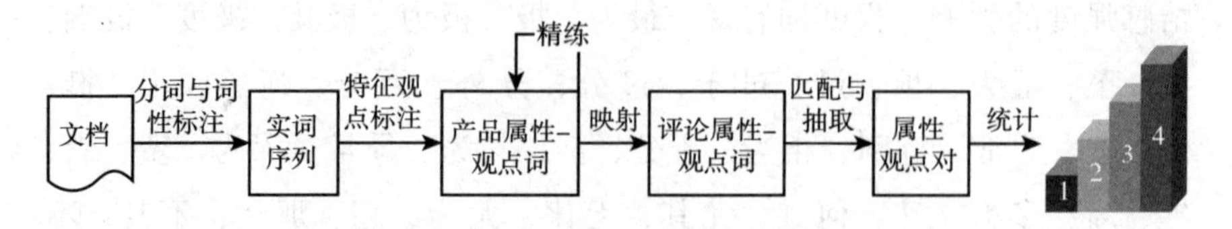

图 5.2　属性观点对提取方法的基本步骤

5.2.1　分词与词性标注

采用中国科学院计算技术研究所开发的 ICTCLAS 系统（http：//ictclas. org/），进行分词和词性标注，以得到与手机评论相关的、可能蕴含有效信息的实词序列。

5.2.2　产品属性与观点标注

建立词库，存储产品属性、观点及常见副词，以便从实词序列中识别产品属性及其观点，匹配成功的词汇，标注为特征“F”（feature）或观点“O”（opinion），匹配不成功的词汇，从“实词序列”删除。该过程如图 5. 3 所示。

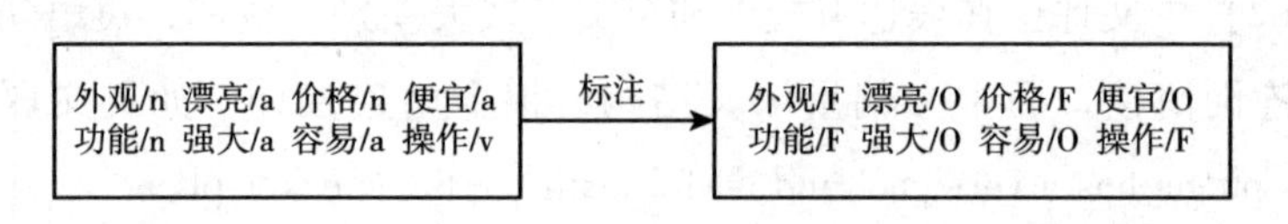

图 5.3　产品属性与观点标注

5.2.3　产品属性与观点精练

经标注得到的“产品属性 - 观点词”较为粗糙，存在冗余、歧义和特征缺失等问题，因此按照同义合并、特征匹配等规则进行精练，以减少冗余、歧义和特征缺失等问题。

5.2.3.1　降低冗余

上一步骤通过产品属性词库能较为全面地识别产品属性及其各种表达方式，但也产生了较多意义相近的属性词汇，因此需要对产品属性集实施降低冗余处理。本章提出以下属性词同义合并规则：

（1）基于语义的同义合并。将语义上相同或相近的词语进行合并，如“价格”“价位”“价钱”。

（2）基于语境的同义合并。多个产品属性可能指示产品的同一方面，如“记忆卡”“扩展卡”“SD卡”等，都是指示手机存储卡这一特征。因此，它们具有语境上的同义关系，应进行合并。

（3）基于“一般与特殊”关系的合并。在手机的基本属性前加上修饰语往往具有特定含义，如在“屏幕”前加上修饰语，生成其他属性：“触摸屏”“主屏”“电容屏”等。这些属性本质上仍指示其对应的基本属性，因此具有同义关系，应进行合并。

（4）基于“属性－动作”关系的合并。某些基本属性与其使用动作相对应，如“扬声器”与“外放”、“浏览器”与“浏览”、“摄像头”与“照相”等，因此将其合并。

5.2.3.2　减少歧义

某些属性词前面必须加上限定词才具有实际的意义，这些属性词通常同时为产品多个部件或功能的属性，当其单独使用时，便会产生歧义。如“材质”为“外壳”、“按键”和“屏幕”等共用的属性，当评论中单独出现“材质”这一特征词时，就会指示不清。因此，本章采用互信息来衡量属性词与其限定词之间的共现性，以进行匹配。互信息越大，属性词 w_1 与 w_2 的共现程度越大，匹配效果越好。

$$I(w_1, w_2) = \log \frac{P(w_1, w_2)}{P(w_1)P(w_2)} = \log \frac{P(w_1 \mid w_2)}{P(w_1)} \tag{5.1}$$

5.2.3.3 特征缺失处理

中文评论常出现主语缺失的现象，即存在隐式属性，需要根据观点词补充相应属性词，使其成为完整的“属性观点对”。观点词可分为两类：一类是明确指示有限个具体属性的观点词，称为属性指示观点词，如“贵”指示“价格”；另一类是具有笼统含义，可修饰任意属性的观点词，称为一般观点词，如“不错”。根据产品属性与属性指示观点词的语义关系，识别属性指示观点词的同时自动为其添加所指示的属性；而由于一般观点词可与所有属性匹配，如果单独出现在评论句中，则自动与其相邻的、同一短句中的属性配对。

5.2.4 “产品属性”到“评论属性”映射

由于评论者的表达方式多样化，经过上一步骤提取的产品属性依然很多，为此，根据语义关系，将产品属性进一步映射为在评论中常被使用的、具有专业性的、用户关注度高的属性，将其称为评论属性。根据东（Dong，2006）定义的词语间的语义关系，本章将中文产品属性与评论属性之间的关系定义为以下三种：

（1）个体 - 宿主关系。某些个体可按其相同的宿主归纳为一类，如色彩、分辨率和亮度等均为屏幕这一属性的个体，与其相关的评价实际上也是对屏幕的评价，因此可将“屏幕”作为它们的评论属性进行映射。

（2）部分 - 整体关系。某些属性均为另一整体属性的组成部分，如耳机、存储卡和数据线等均为手机的配件，即为配件这一属性的组成部分，因此可将“配件”作为它们的评论属性进行映射。

（3）事件 - 角色关系。某些无形的、不可见的属性为用户的感知属性，是对使用过程中某一事件或行为的感知，如对“操作”这一行为的感知可延伸出“手感”“实用性”“操控性”等属性，因此可将“操作”作为它们的评论属性进行映射。

5.2.5 “属性观点对”配对

通过对在线评论的分析，发现存在 4 种“属性观点对”的配对模式，分别为：（1）FO 模式（或 OF 模式），属性与观点一一对应，直接生成“属性观点对”；（2）FFO 模式，为多个属性与单个观点的组合形式；（3）FOO 模式，为单个属性与多个观点的组合形式；（4）FFOFOO 模式，为多属性多观点的组合形式。

提取出的 4 种类型的“属性观点对”如图 5.4 所示。

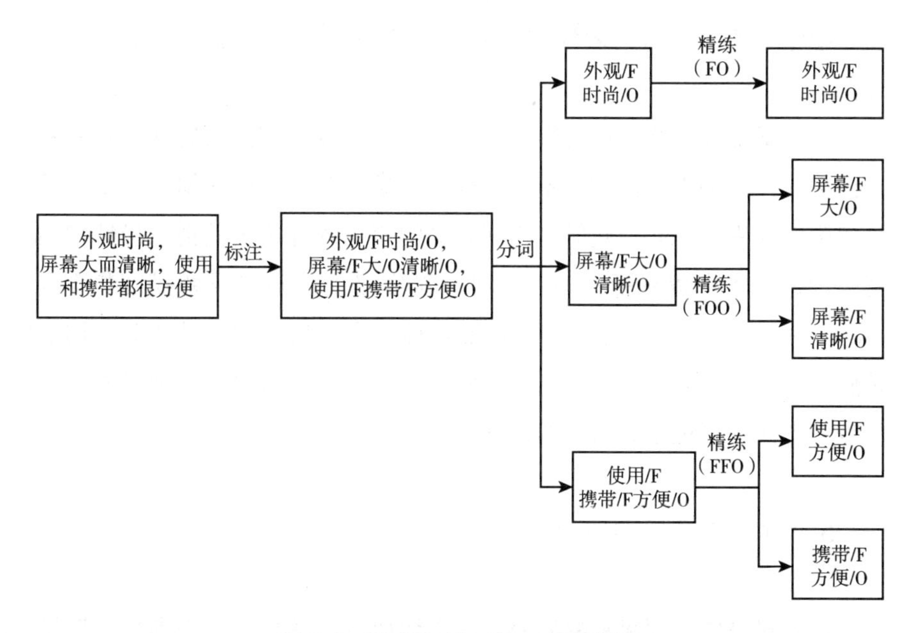

图 5.4 “属性观点对”匹配与抽取

5.3 “观点词情感”的确定

我们采用三元组描述观点词的基本结构，即 Lexicon =（B，R，E）。其中，B 为（编号，词条，对应英语，词性，同义观点词）；R 为（与属性词的配对关系）；E 为（情感极性，情感强度）。例如，Lexicon =（（8，好，good，adj，不错），（价格，外观），（肯定，1.07））。

观点词的基本信息包括编号、词条、对应英语、词性、录入者和同义词。其中，同义观点词体现了观点词之间的关系，根据语义相似度进行确定。词语的语义相似度是指两个词语的相似程度，本书根据许（Xu，2003）中的原理编写的词汇语义相似度计算程序，实现语义相似度的计算。

根据第 5.2 节的“属性观点对”的识别确定与观点词相配对的属性词。

观点词形式多样，还有很多网络新词汇，观点词的情感强度具有一定的模糊性，如观点词“漂亮”，不同的标注者可能把它划分到不同的情感强度级别，因此，我们基于观点词的模糊统计确定其情感极性和情感强度，具体步骤包括：（1）划分强度级别，确定情感强度集 $T = \{t_1, t_2, \cdots, t_n\}$；（2）收集语料，提取与标注观点词；（3）计算观点词的情感强度；（4）以已计算出情感强度的观点词作为基准词，通过语义相似度的方法获得更多观点词的情感强度值。

5.3.1 强度级别的划分

已有对情感强度级别的划分，尚未形成统一的标准。美国格拉斯哥大学发布的 Blog 语料库，将情感强度划分为完全的负面态度、完全的正面态度、正面与负面相交杂。MPQA 新闻语料库，将情感强度标注为4级，分别是中立、低、中、高。

根据已有在线声誉系统特点——星级评分均是5星级评分，分别为1星、2星、3星、4星、5星。一般而言，1星、2星为负面评论，4星、5星为正面评论，3星评分可能对应负面、中性或正面评论。因此，为实现星级评分和评论的对应，将情感强度级别划分为7级（负面3级，中性，正面3级），每个强度级别对应一个模糊集。情感强度级别如表5.3所示。根据该划分，评论的情感强度集为 $T=\{-3, -2, -1, 0, 1, 2, 3\}$，分别是负面（高、中、低），中性，正面（低、中、高）。负数表示负面，正数表示正面，数值的绝对值表示强度级别。

表5.3 情感强度级别划分

极性	低	中	高
正面	1	2	3
中性	0	0	0
负面	-1	-2	-3

5.3.2 观点词提取与标注

5.3.2.1 语料收集

选取数码商务网站——京东网（www.360buy.com）为数据源，下载手机评论及星级评分。语料收集遵循以下原则：

（1）为确保评论的质量，以下评论不予收集：明显的广告性/蓄意炒作的评论；转载的评论；总体评分的情感倾向明显褒义，但评论语言却只有缺点，或总体评分的情感倾向明显贬义，而评论语言只有优点的评论。

（2）在语言表达方面，尽可能选择较规范、严谨的评论。

（3）收集评论情感极性特别明显的评论，也就是总体星级打分为褒义，具体评价语言中也大多数或全是对产品优点的点评，不足的点评很少或者没有，反之同理。

（4）评论中观点词数量尽量少，因此优先收集针对某一属性有且只有一个观点词的评论。

5.3.2.2 观点词提取

按照第5.2节中的“属性观点对”识别方法，提取产品属性和观点。形容词对评论的情感变化起到重要作用，程度副词、否定词对情感强度有重要影响，因此本章的观点词以这三类词为研究对象，在观点词提取过程中遵循以下原则：

（1）否定词的处理。如果出现“不”“不是”等否定词，将否定词与形容词的组合作为一个词考虑。比如“价格不贵，但是性能不稳定”，从中提取出的观点词为“不贵”和“不稳定”。

（2）程度副词的处理。如果出现程度副词，将程度副词与形容词组合起来作为一个词。比如“操作很方便，外观非常漂亮”，从中提取出的观点词为“很方便”和“非常漂亮”。

（3）专有名词中出现的形容词的处理。专有名词中出现的形容词不再单独作为形容词，而应作为名词。比如“小键盘”中的“小”不被当作形容词，不属于形容词。

（4）结构助词（的、得、地）的处理。当形容词后出现“的”、“得”和“地”时，不将这些结构助词和形容词考虑在一起。比如“好看的”，只选取“好看”作为形容词。

5.3.2.3 观点词标注

根据语料的选取原则，可以认为句子情感强度与句中观点词的情感强度一致。因此，将用户的总体星级打分看作对评论句强度的标注，进而转化为对句中观点词的标注。这种标注方式类似发放调查问卷，实现了对词汇情感强度模糊集的重复定义。例如，收集 100 个用户的星级为 4 的主观性评论句子，就相当于对模糊集“情感强度为 2”的 100 次重复定义。标注如表 5.4 所示。

表 5.4　　基于评论句星级的观点词标注规则

句子星级评分	句子情感强度	观点词标注级别	观点词极性
★★★★★	3	3	正面
★★★★☆	2	2	正面
★★★☆☆	1	1	正面
★★★☆☆	0	0	中性
★★★☆☆	-1	-1	负面
★★☆☆☆	-2	-2	负面
★☆☆☆☆	-3	-3	负面

5.3.3　观点词情感强度计算

5.3.3.1　模糊统计法

模糊统计法是通过模糊统计实验计算隶属度。首先确定论域 U 及其中的固定元素 μ_0，每次实验产生 U 的一个可变子集 A^*。U 中的一个以 A^* 作为弹性边界的模糊子集 A，制约着 A^* 的运动。A^* 可以覆盖 μ_0，也可以不覆盖 μ_0，因而 μ_0 对 A 的隶属关系是不确定的。这种不确定性，正是由于 A 的模糊性产生的。经过 n 次实验，可以算出 A^* 覆盖 μ_0 的次数，即：

$$\mu_0 \text{ 对 } A \text{ 的隶属关系} = \frac{\mu_0 \in A^* \text{ 的次数}}{n} \tag{5.2}$$

实践证明，随着 n 增大，隶属关系呈现稳定性，频率稳定值称为 μ_0 对的 A 隶属度，即：

$$A(\mu_0) = \lim_{n \to \infty} \frac{\mu_0 \in A^* \text{ 的次数}}{n} \tag{5.3}$$

5.3.3.2 计算情感强度

情感强度级别为 $T=\{t_1,t_2,\cdots,t_n\}$，每一级别 t_i 对应一个情感强度的模糊集 A_i。A_i 的论域 W 由 m 个相互独立的观点词 w_j 构成，记为 $W=\{w_1,w_2,\cdots,w_m\}$。令 $A_i(w_j)$ 为观点词 w_j 出现在级别 t_i 中的可能性，即 $A_i(w_j)$ 为观点词 w_j 对 A_i 的隶属度，则有：

$$A_i(w_j) = \frac{\dfrac{q_{ij}}{\sum_{j=1}^{m} q_{ij}}}{\sum_{i=1}^{n}\left(\dfrac{q_{ij}}{\sum_{j=1}^{m} q_{ij}}\right)} \tag{5.4}$$

其中，q_{ij} 为观点词 w_j 在级别 t_i 中出现的次数，$\frac{q_{ij}}{\sum_{j=1}^{m} q_{ij}}$ 为观点词 w_j 在级别 t_i 中出现的频率。直接将频率作为隶属度，“频繁出现的情感词”和“不频繁出现的情感词”，其隶属度 $A_i(w_j)$ 相差较大。为弥补情感词自身频率造成的隶属度差距，对其进行了归一化处理。

根据求出的隶属度，观点词 w_j 的情感强度值 $S_i(w_j)$ 的计算公式为：

$$s_i(w_j) = \sum_{i=1}^{n}(A_i(w_j) \times t_i) \tag{5.5}$$

5.3.4 语义相似度计算

通过以上统计步骤，获得了 N 个观点词的情感强度。以这 N 个观点词作为基准词集，再利用语义相似度算法许（Xu，2003）和 Hownet 中的情感词来判断同义观点词的情感极性和情感强度。该步骤采用中国科学院计算技术研究所开发的 WordSimilarity 系统实现。计算 Hownet 中的情感词与基准词的语义相似度，选取语义相似度最大的情感词作为此基准词的同义观点词，二者的情感极性和情感强度相同。通过该步骤可以获取更多的与手机评论相关的、可能蕴含有效信息的观点词序列。

5.4 情感本体的自动构建与细粒度情感分析

5.4.1 情感本体定义

杨（2002）、亚历山大（Alexander，1986）指出，“本体论”（ontology）一词早在17世纪就已经诞生，它是从希腊的“Onto”和“Logia”派生而来的。当时，本体论只是作为研究世界本原或者本质问题的“形而上学”的同义词。直到科技革命的出现，“形而上学”开始包括其他更多方面的研究，比如宇宙天体学和心理学等，本体论才作为形而上学的一个分支独立出来，专指世界“存在”的研究。它与认识论相对，认识论研究人类知识的本质和来源。也就是说，本体论研究客观存在，认识论研究主观认知。目前，本体论作为哲学的一个分支，研究实体存在性和实体存在本质等方面的通用理论。

“本体”这一术语后来被知识工程界所引用，随着本体应用的逐步深入，对本体的理解也在逐步完善，本体是人为设计的关于某个领域的概念模型的一种表示。从形式上讲，本体是描述现实生活中某个特定领域的概念及其相互关系的词汇表，这种词汇表采用精确的形式语言和明确定义的语义来阐述概念及其关系，以形成领域内各种事物代理人之间交换信息的共同语言。情感本体是一类特殊的本体，该本体内的词汇是和情感相关的词汇，也就是本章提到的属性词和观点词。也就是说情感本体描述的是产品领域的属性词、观点词及其相互关系。

5.4.2 情感本体自动构建

情感本体关注的是产品属性词和观点词的提取，以及产品与属性、属性与观点等概念间的关联关系，因此，构建情感本体的主要任务包括：识别属性词和观点词，建立属性词和观点词之间的关系，确定观点词情感。本书结合中文在线评论的特点，通过第5.2节“属性观点对”的提取，和第5.3节“观点词情感”的确定，自动构建情感本体，情感本体的结构如图5.5所示。

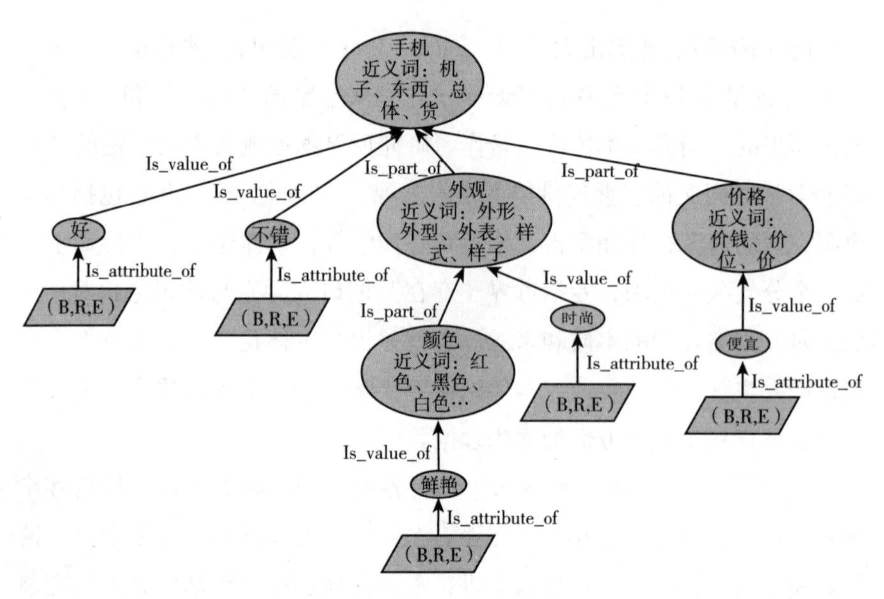

图5.5 面向手机评论的情感本体（部分）

5.4.3 基于情感本体的细粒度情感极性及强度分析

顾客常常针对某一具体的产品属性给出评论，从评论中识别产品属性，并判断用户对不同属性的情感倾向，可以为用户提供更有价值的信息，因此有必要借助构建的情感本体对手机具体属性进行分析。计算过程主要包括以下几个步骤：

步骤1：根据“情感本体”检索评论句中的产品的属性词和观点词，从而提取产品“属性观点对”；

步骤2：根据提取的产品属性将评论句划分为简单句，每个简单句包含一个产品属性；

步骤3：将包含相同产品属性的简单句归纳在一起，根据提取出的“属性观点对”赋予“情感本体”内的观点词情感强度值；

步骤4：将所有观点词的情感强度相加后取其平均值，该平均值即为针对产品具体属性的情感强度值。

情感本体构建和情感分析过程如图5.6所示。

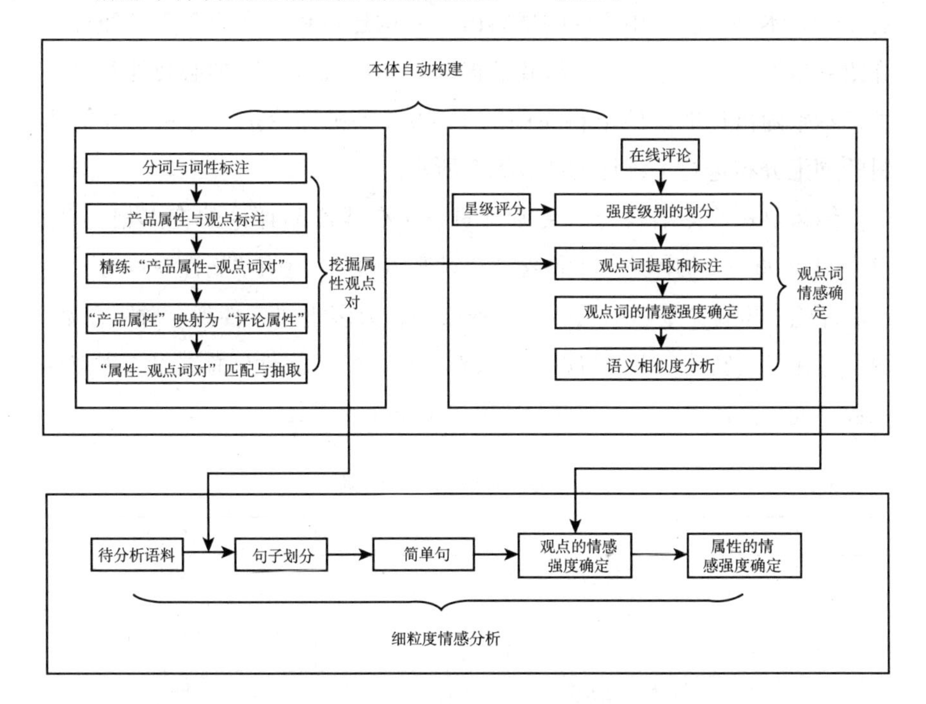

图5.6　基于情感本体的情感分析

5.5 细粒度情感强度分析方法的有效性分析

5.5.1 “属性观点对”提取方法的有效性分析

为验证本章提出的“属性观点对”提取方法的有效性，我们设置该实验。

5.5.1.1 实验数据集描述

本书以手机产品评论为实验对象，验证“属性观点对”提取方法的有效性。本书实验所用评论的情感语料库构建过程，在第 3 章已经详细介绍，这里不再复述。为分析我们提取“属性观点对”的必要性和可行性，本章随机选取情感语料库中的 1000 条手机评论进行分析，并对语料的词汇分布进行了统计，如表 5.5 所示。

结果显示实际语料与前文提及的中文在线产品评论的特点相吻合。(1) 显示 96.3% 的评论句中包含“属性观点对”，说明“属性观点对”是产品评论中重要的基本单元；(2) 观点词总数多于“属性观点对”总数，说明存在隐式属性，未能与观点词成对出现；(3) 属性词总数多于观点词总数，说明存在仅用单个观点词评价多个属性的现象。

表 5.5 实验语料标注的统计结果

统计项目	统计结果
所有评论句总数（条）	1000
含有“属性观点对”的评论句总数（条）	963
所含“属性观点对”总数（包括重复出现）（个）	2009
所含属性词总数（包括重复出现）（个）	2991
所含观点词总数（包括重复出现）（个）	2308

去掉实验语料中重复出现的词语，对最终获得的属性词与观点词进行统计分析，如表5.6所示。结果表明95%以上的属性及观点词在评论中重复出现，说明用户在线评论某类产品时使用较为固定的词汇，同时也说明产品评论的属性词与观点词是有限的，对它们进行识别与挖掘是可行的。

表5.6　属性词与观点词的统计结果　单位：个

统计项目	统计结果
不同属性词总数	242
不同观点词总数	221
出现频率为2次及以上的属性词总数	235
出现频率为2次或以上的观点词总数	213

5.5.1.2　对比实验

本书使用准确率（P）、召回率（R）和调和评价值（F）来对实验结果进行评价。具体定义为：$P=|A\cap B|/|A|$；$R=|A\cap B|/|B|$；$F=2PR/(P+R)$。其中，A表示机器识别出的“属性观点对”集合，B表示人工标注的“属性观点对”集合。

从基于统计与基于语义两类研究中分别选取具有代表性的方法作为对比实验，与本章提出“属性观点对”识别方法行对比。

（1）基于关联规则与邻近匹配原则的算法（统计）：在对比实验1中，重现胡和刘（Hu，Liu，2004）等的方法。首先对评论句进行分词与词性标注，提取句中的名词和名词短语；然后基于关联规则算法提取频繁项作为属性词；接着将离产品属性最近的形容词作为观点词；再用观点词查找未被提取的低频名词或词组为属性词；最后将二者的组合作为“属性观点对”。

（2）基于互信息与句法规则的算法（语义）：在对比实验2中，重现斯库（Popescu，2005）等的方法。首先对评论句进行分词与词性标注，提取句中的名词和名词短语；然后按照产品属性的分类（属性、部件、部件属性、相关概念、相关概念的属性），计算点互信息值（PMI）对提取的词语进行贝叶斯分类，以确定产品属性；接着通过预先定义的10条提取规则来查找潜在观点词；再通过Hownet计算潜在观点词的情感倾向，将具有明显情感倾向的观点词作为最终的评价词语；最后将二者的组合作为“属性观点对”。

表5.7列出了本书提出的方法与两个基线实验的对比结果。

表5.7　对比实验结果　单位：%

方法类别	P	R	F
基于关联规则与邻近匹配原则的算法	67.45	69.63	68.52
基于互信息与句法规则的算法	79.18	73.24	76.09
本章提出的算法	79.44	87.62	83.33

通过对表5.7中结果的分析可知：

第一，对比实验1的准确率较低，可能的原因是基于统计的方法获取评价对象的过程具有经验性和偶然性，缺乏对“属性观点对”语义关系的挖掘。

第二，对比实验2的实验效果要好于基线实验1，说明深入挖掘属性词与观点词之间的语义关系要比单纯考虑它们在评论句中的出现频率与位置更有意义。

第三，本章提出的方法在准确率、召回率和调和评价值上都高于对比试验1，说明考虑中文评论中表达方式的特点，分析词语间的语义关系，有助于提高“属性观点对”挖掘的性能。

第四，本书提出的方法与对比实验2比较，具有自动化程度高，可移植性强的优点。

5.5.2 “观点词情感”确定方法的有效性分析

为验证本章提出的观点词情感确定方法的有效性，我们设置该实验。

5.5.2.1 实验数据集描述

（1）按照第5.3.2节中的语料选取原则，共选取3300条手机评论构成标注语料库。其中，正面评论1850条，负面评论1450条。手机评论及星级评分示例如表5.8所示。

表5.8　手机评论及星级评分示例

句子星级评分	例句
★★★★★	性价比超高的手机
★★★★☆	总的来说不错
★★★☆☆	用着还可以
★★★☆☆	还没用，不知道好不好
★★★☆☆	电池不好
★★☆☆☆	看着总不舒服
★☆☆☆☆	这款手机真垃圾

（2）根据第5.3.2节中的观点词提取原则，在手机评论中，提取观点词的部分结果如表5.9所示。

表5.9　观点词提取结果（部分）

属性词	观点词
价格	划算，合适，便宜，合理，实惠，低，适中，高，贵，不错，不高，不便宜，不靠谱，不划算，离谱，有些贵，挺贵，很贵，比较低，非常实惠

续表

属性词	观点词
外观	漂亮，好看，清爽，大气，结实，可以，一般，差劲，欠佳，薄，垃圾，大方，不错，不漂亮，不好看，很大气，还行，很喜欢，太薄
操作	方便，费劲，简单，麻烦，烦琐，容易，烦人，复杂，深奥，舒服，习惯，不简单，不方便，不复杂，非常方便，很顺手，很漂亮，比较舒服
性能	强劲，卓越，流畅，省电，稳定，欠佳，卡，慢，优秀，一般，全面，灵敏，快，不出色，非常喜欢，非常好

5.5.2.2 语料数量对观点词情感强度的影响

为研究语料数量对观点词情感强度的影响，分别取语料数量为250、500、1000、2000、2500、3000篇，计算观点词在每个强度级别上的隶属度。随机选取3个褒义词“划算”“漂亮”“合适”，以3个词在情感强度1、2、3上的隶属度$A_i(w_j)$值为例，以语料数量为横坐标，对应观点词隶属度$A_i(w_j)$值为纵坐标，做出情感强度变化趋势图，如图5.7至图5.9所示。

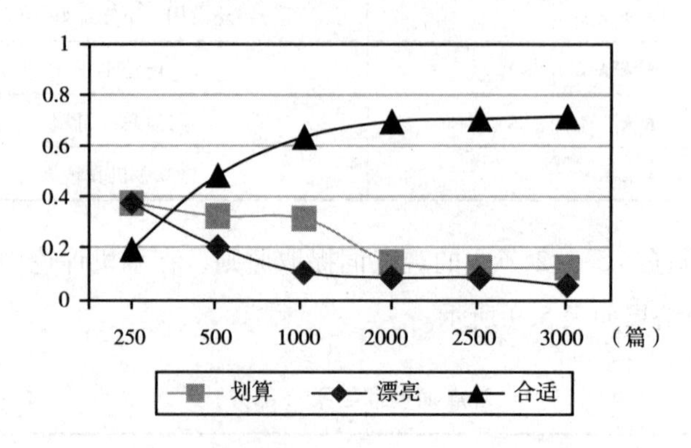

图5.7　情感强度1上的$A_i(w_j)$变化趋势

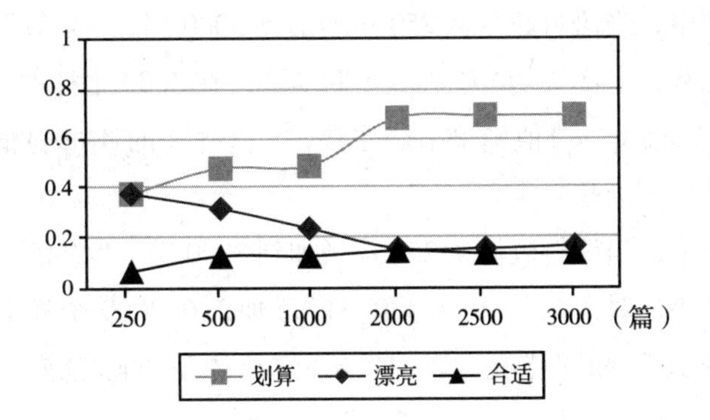

图5.8　情感强度2上的$A_i(w_j)$变化趋势

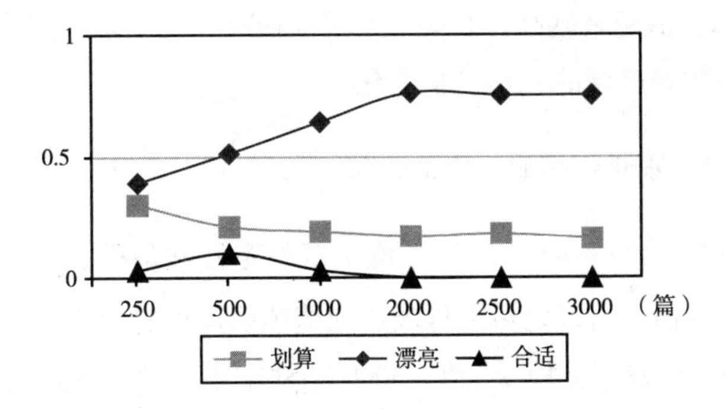

图5.9　情感强度3上的$A_i(w_j)$变化趋势

（1）语料数量对隶属度稳定性的影响。随着语料数量增多，当达到2000篇时，观点词在某一模糊集上的隶属度$A_i(w_j)$趋于稳定，在某一固定值上下小幅波动，这个固定值可视为隶属度$A_i(w_j)$的准确值。这一规律适用于本章中大多数观点词的$A_i(w_j)$值变化，且根据3000篇语料得出的$A_i(w_j)$值比较接近准确值。

（2）语料数量对隶属度集中性的影响。图5.7中，当语料数量从250篇增加到3000篇，“合适”的$A_i(w_j)$值呈上升趋势，对1级的隶属度值不断增加，在3000个样本以后稳定在某一值附近，“划算”和“漂亮”的$A_i(w_j)$值则呈下降趋势，渐趋稳定。

图 5.8 中，当语料数量从 250 篇增加到 3000 篇，“划算” 的$A_i(w_j)$值呈上升趋势，对 2 级的$A_i(w_j)$值不断增加，在 3000 个样本以后渐趋稳定。“漂亮” 的 $A_i(w_j)$值则呈下降趋势，“合适” 的 $A_i(w_j)$值没有明显的上升，最后都渐趋稳定。

图 5.9 中，当语料数量从 250 篇增加到 3000 篇，“漂亮” 的 $A_i(w_j)$值呈上升趋势，对 3 级的 $A_i(w_j)$值不断增加，在 3000 个样本以后渐趋稳定。“合适” 和 “漂亮” 的 $A_i(w_j)$值总体呈下降趋势，最后渐趋稳定。

可以看出，当语料数量从 250 篇增加到 3000 篇，3 个词汇在某一级别上的 $A_i(w_j)$值越来越高，并集中于某一强度级别。这一规律适用于本章中绝大多数观点词的 $A_i(w_j)$值变化。

5.5.2.3 观点词情感强度的计算

由于 3000 个样本时的 $A_i(w_j)$值呈现稳定性和集中性，比较接近于隶属度的准确值，所以之后进行观点词情感强度的计算时，我们采用语料数量为 3000 篇时的 $A_i(w_j)$值。3000 个样本下，部分观点词的 $A_i(w_j)$值及情感强度值如表 5.10 所示。

表 5.10 样本数 3000 篇时部分观点词的 $A_i(w_j)$值及情感强度值

属性	情感词	情感强度级别的相应 $A_i(w_j)$值							情感强度值
		-3	-2	-1	0	1	2	3	
价格	划算	0	0	0	0	0.13	0.69	0.16	1.99
	不错	0	0	0	0.1	0.78	0.12	0	1.02
	低	0	0	0	0.24	0.5	0.26	0	1.02
	便宜	0	0	0	0	0.12	0.24	0.64	2.52
	不便宜	0.12	0.59	0.29	0	0	0	0	-1.83

续表

属性	情感词	情感强度级别的相应 $A_i(w_j)$ 值							情感强度值
		-3	-2	-1	0	1	2	3	
外观	不错	0	0	0	0.22	0.49	0.29	0	1.07
	漂亮	0	0	0	0	0.06	0.17	0.75	2.65
	很漂亮	0	0	0	0	0.06	0.11	0.84	2.80
	大气	0	0	0	0	0.1	0.14	0.76	2.66
	很大气	0	0	0	0	0.05	0.13	0.82	2.77
操作	方便	0	0	0	0.01	0.32	0.67	0	1.66
	非常方便	0	0	0	0	0	0.21	0.79	2.79
	不方便	0	0.38	0.51	0.11	0	0	0	-1.27
	简单	0	0	0	0	0.1	0.68	0.22	2.12
	不简单	0	0.41	0.49	0.1	0	0	0	-1.31
性能	好	0	0	0	0	0	0.22	0.78	2.78
	非常好	0	0	0	0	0.09	0.16	0.81	2.84
	不流畅	0.2	0.68	0.12	0	0	0	0	-2.08
	不错	0	0	0	0.22	0.49	0.29	0	1.07
	稳定	0	0	0	0	0.11	0.14	0.75	2.64

当语料数量为3000篇，针对4个属性：价格、外观、操作、性能，共识别68个“属性观点对”，并发现：

（1）观点词的情感强度受语境的影响，即针对不同的属性词，某一观点词的情感强度也可能不同。例如“不错”修饰“价格”和“外观”时，情感强度不同。

（2）通过实验可以获得原有情感词典中不包含的新的观点词，如“划算”。

（3）否定词不仅改变情感词的极性，也弱化原情感词的强度。例如，“便宜”的情感强度值为2.52，“不便宜”的情感强度值为-1.83。否定词对情感词情感强度的弱化程度并不相同。例如，“不便宜”相比“便宜”，情感强度绝对值减少27.38%；“不简单”相比“简单”，情感强度绝对值减少了 38.21%。

(4) 程度副词修饰情感词时，同一个程度副词对不同情感词的强化程度不同。例如，“非常方便”相比“方便”，情感强度提高了 68.07%，“非常好”相比“好”，情感强度只提高 2.16%。被修饰情感词的情感强度值越大，程度副词对该词的强化作用越小。例如，“方便”的情感强度小于“好”的情感强度，两者被程度副词“非常”修饰后，“方便”的情感强度提升幅度大于“好”。

采用识别出的 68 个观点词作为基准词集，进一步计算 Hownet 中的情感词与基准词的语义相似度，可以获取更多的与手机评论相关的、可能蕴含有效信息的观点词序列。

5.5.3 细粒度情感极性及强度分析

为测试情感分析的效果，选择京东商城（http://www.360buy.com/）的两款手机（诺基亚 Nokia C5-03 和三星 SAMSUNG I9103）评论进行实验。每款手机各选择 400 条评论作为测试语料，对手机的细节属性进行了分析。

首先，对每款手机的 400 条评论进行处理。按照第 5.4.3 节的方法步骤，识别产品“属性观点对”，并根据产品属性将 400 条语料分解为简单句（每句只含一种属性）。针对诺基亚的评论包含 707 个简单句，针对三星的评论包含 759 个简单句。具体结果如表 5.11 所示。

表 5.11　　样本中只含一种属性的句子数量　　单位：个

属性	句子总数	
	诺基亚 C5-03	三星 I9103
价格	198	219
外观	112	175
操作	142	177
性能	255	188

将具有相同属性的简单句归纳在一起，并提取修饰该属性的所有观点词，查找情感本体中该观点词的情感强度，之后修饰同一个属性的所有观点词的情感强度相加后取其平均值，该平均值即为针对产品具体属性的情感强度值。结果如表 5. 12 和图 5. 10 所示。

表 5. 12　　　　手机 4 类属性的平均情感强度

属性	平均情感强度值	
	诺基亚 C5 – 03	三星 I9103
价格	0. 93	0. 47
外观	– 0. 02	1. 28
操作	0. 25	– 0. 07
性能	0. 09	0. 37

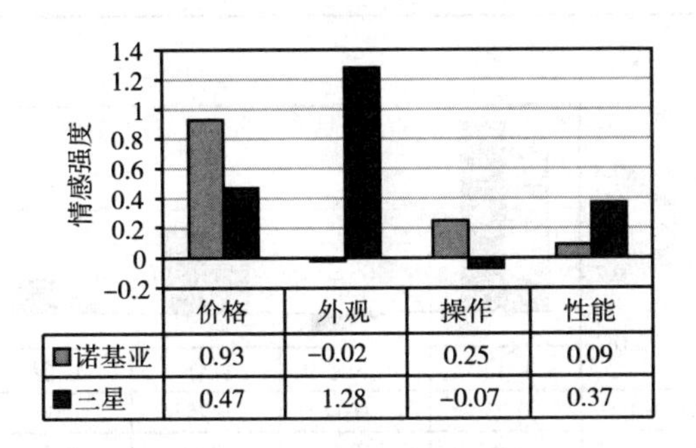

图 5. 10　两类手机 4 类属性的平均情感强度

从表 5. 12 和图 5. 10 可以得出：（1）对诺基亚 C5 – 03 的评论，平均情感值最高的是价格 0. 93，说明用户对诺基亚的价格最为肯定；平均情感强度值为负值是外观，为 – 0. 02，说明用户对这款手机的外观比较否定。（2）对三星 I9103 的评论，平均情感值最高的是外观 1. 28，说明用户对这款手机的外观较为肯定；平均情感强度值为负值是操作，为 – 0. 07，说明用户对这款手机的操作比较否定。

为验证方法的有效性，我们选择“人工分析”的方法作为对比实验。邀请9位语言学专家，独立阅读针对两款手机的1466个简单句，并对每个简单句的情感强度进行打分，分数取值范围要求在-3~3。将针对同一属性的所有简单句的情感强度值求和取均值，即得到人工分析所得的情感强度。实验结果如表5.13和图5.11、图5.12所示。

表5.13　　手机4类属性的平均情感强度

属性	本书方法		人工方法	
	平均情感强度值		平均情感强度值	
	诺基亚 C5-03	三星 I9103	诺基亚 C5-03	三星 I9103
价格	0.93	0.47	1.1	1
外观	-0.02	1.28	-0.1	1.4
操作	0.25	-0.07	0.5	-0.1
性能	0.09	0.37	0.2	0.7

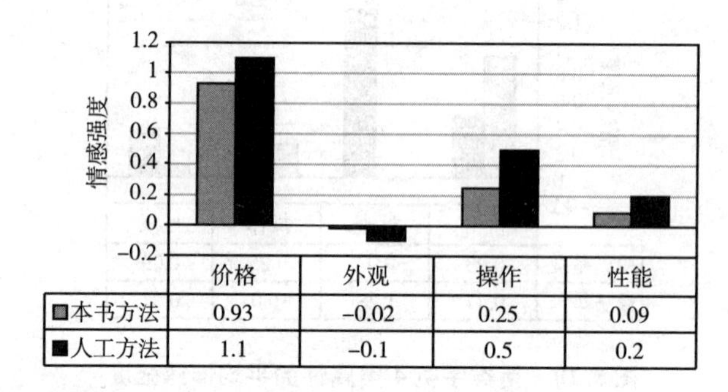

图5.11　情感强度分析效果比较（诺基亚）

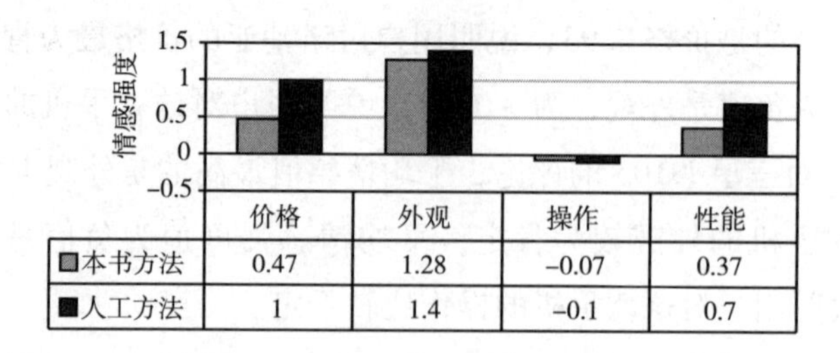

图5.12　情感强度分析效果比较（三星）

由图5.11和图5.12可以看出，“本书方法”计算出的情感强度值的排序与“人工方法”计算出的情感强度值的排序一致，即对诺基亚而言，“价格”优于“操作”“性能”“外观”。对三星而言，“外观”优于“价格”“性能”“操作”。所以本书的方法具有一定的有效性。

对比两款手机评论的情感强度，能够为消费者的购买决策以及为商家改进手机设计，提供有价值的参考。

5.6　本章小结

一个产品具有多个属性，一篇产品评论也可能涉及产品的多个属性。用户的情感表露错综复杂，常常针对其所关注的一个或多个产品属性发表混合观点评论，既肯定某方面，同时又在批评其他方面。另外，某些观点在修饰不同属性时具有不同情感。在实际应用中，我们往往既需要获得用户对产品的整体观点，又需要根据被修饰的属性获得针对具体属性的细节观点。从评论中识别产品属性，并判断用户对不同属性的情感倾向，可以为用户提供更有价值的信息，比如可以直观地看到客户对于各种产品属性的满意度以及不同产品在各自属性上的优劣比较。这对于顾客优化购买决策，或者企业改进产品都能起到重要的指导作用。第3章和第4章进行了粗粒度的情感分类，针对产品的整体进行研究，获得了很好的分类效果。在本章，我们针对具体属性进行细粒度的情感分类。在考虑中文网络词汇特点的基础上，通过“属性观点对”的识别和“观点词情感”的确定，构建了情感本体。并进一步通过实验验证了，该情感本体的应用，可以提高针对评论具体属性的分析准确率，从而有效地给出用户对产品属性细节的满意或不满意的态度。

然而情感本体的构建过程中仍存在一些有待完善的部分。例如，本书将否定词-形容词和程度副词-形容词作为一个观点词进行研究，该方法可能会因样本量不足而导致数据稀疏，从而使情感强度的值有误差，因此，后续研究可以继续扩大样本，从而获得更多观点词，并最终得到更精确的情感强度值。

第6章　情感分析技术的应用：以金融领域为例

伴随着情感分析技术的完善，已有学者从情感分析的角度，对在线评论在电子商务领域的商业价值进行了研究，研究证明了在线评论中的确存在有价值的信息，然而该类研究刚刚起步，还存在许多不足，例如，第一，研究领域的局限性。已有研究只局限在电影票房、图书销售、电子产品销售等几个领域，而在企业系统、医疗健康、金融风险等其他领域的研究刚刚起步。第二，研究方法的单调性。已有研究大都通过相关性分析，证明了在线评论情感和销售/定价之间是否相关，而如何采用已有情感给出未来市场的预测，则几乎是个空白。

针对以上问题，本章基于情感分析视角，采用机器学习（SVM）和计量经济（GARCH）两种范式相结合的方法，研究情感分析技术在金融股票领域的应用可行性，从而丰富在线评论价值发现的研究体系。之所以选择股票作为研究对象，主要有以下两个原因：

（1）股票数据的易获得性。之前许多关于在线评论应用价值的研究，因为数据的不易获得性，影响了研究结论的可靠性和有用性。例如，在电子商务领域的实证研究中，由于产品销量等数据不易获得，只能采取数值模拟、仿真，或是用其他相关数据替代的方法。而相反地，股票数据可以通过金融数据库很方便地获得。

（2）股票研究有很大的应用价值。只针对电子商务领域进行研究，研究结论可以在微观层面给商家和潜在用户提供参考。对股票进行研究，认清在线评论的影响，有助于投资者辨别信息，形成对市场的综合判断，从而进行有效决策；也有助于市场监管者（如政府）理解网络用户在互联网中的投资参与行为的模式与特征，制定相应的监管政策，提高市场运作效率，因此在微观和宏观层面都有应用价值。

鉴于以上考虑，我们选择股票作为研究对象。金融产品的价格受多种因素影响，价格的波动意味着金融风险，所以预测股票价格波动是个重要的问题。

伴随着 Web 2.0 时代的到来，股票市场的信息结构发生了巨大的变革。Web 2.0 出现之前，信息的提供者主要是：交易所（交易数据发布）、上市公司（定期与非定期公司报告）、相关媒体（研究报告发布）。这些信息提供者具有两个特征：第一，信息传递的渠道是单向的，市场信息由少数人/机构单向地向数量巨大的投资者或潜在投资者进行发布。第二，市场信息的提供者与市场信息的接受者是截然分开的，因为根据《证券法》、证券交易管理办法、交易所交易规则等的规定，这些信息的提供者都不能进行与其提供信息相关的证券交易。

但在具有 Web 2.0 特征的社会媒体时代，信息提供者与信息使用者之间的边界已经非常模糊，在这种时代背景下的股票市场中，信息的发布已经从少数人的特权转变成了自发的大众行为。可以说互联网的普及不仅改变着投资者参与投资活动的方式，更成为股市信息传播和获取的主要渠道。

越来越多的投资者利用互联网搜索金融信息，并借助互联网与他人分享投资经验，这些信息影响着投资者的决策行为，并最终对股票价格产生作用。其中，股票股吧是投资者交流的重要场所，也是信息、内幕、传闻等金融信息的集散地，因此发掘股评中的情感信息，研究其对股票市场的影响十分必要。本书采用情感分析技术，基于股评信息，构建情感指数，并将股评情感作为重要的变量来预测股票价格的波动。

6.1　在线股评相关文献

6.1.1　投资者行为

20世纪80年代以来，随着市场不断完善与发展，金融市场活动日趋复杂，证券市场上许多异常现象不断涌现，如股票溢价、过度自信、过度反应、羊群效应、日历效应等，以有效市场理论为代表的传统金融理论无法很好地对这些异常现象做出解释，因此而受到质疑。此时，行为金融理论受到关注。

侯红卫（2010）、李心丹（2005）指出，行为金融学以非有效市场下的有限理性人的行为为研究对象，从心理学尤其是行为科学的角度对证券市场中的异常现象进行了分析，从微观个体行为以及产生这种行为更深层次的心理、社会等角度来解释、研究和预测资本市场的现象和问题，行为金融领域的研究主题可以归纳为三个层次：个体行为、群体行为、有限套利和非有效性市场。林特纳（Lintner，1998）定义行为金融为"研究人类如何解释以及根据信息做出决策"。刘（2006）认为行为金融是一个综合学科，包含了心理学、行为科学和认知科学的研究成果，主要基于投资者的心理特征假设来分析实际投资决策行为。塞勒（Thaler，1993）认为行为金融是"思路开放式金融研究"，行为金融研究中考虑到投资者非理性因素。

由此可见，行为金融理论对有效市场假说的投资者完全理性、投资行为随机发生等假设提出了质疑，认为投资人并非理性。基于行为金融理论，刘志阳（2002）提出了羊群效应模型等投资决策行为模型来解释金融市场的异常现象与投资者交易行为。邹莉娜（2006）提出，基于理论产生的金融投资策略，如反向投策略、成本平均策略、动量交易策略也在实践活动中得到应用。

6.1.2 噪声对投资者行为的影响

噪声交易是行为金融理论的主要内容之一。布莱克（Black，1986）指出，噪声，在金融领域指与信息相对立的信号，信息是指与金融产品价值相关的信号，因此，噪声指与金融产品价值无关的信号。行为金融理论认为市场中存在两种人：理性交易者与噪声交易者。基于噪声的交易行为称为噪声交易，进行噪声交易的人称为噪声交易者，该类投资者非理性、获取与分析信息的能力有限。施莱费尔（Shleifer，2000）指出，噪声交易者的存在增加了市场流动性，其基于噪声的交易行为使资本市场价格偏离了基本价值，市场价格不是基本面信息的有效反应。

鲁特（Froot，1990）认为，在短线交易普遍存在的前提下，交易者可能基于某些信息甚至是与基础价值毫不相关的信息或传闻进行交易，它会在一定程度上引起信息资源的不合理配置和价值与价格的明显偏离，当大量的交易者聚集于某一信息并发生极端反应的时候，就会导致羊群效应。

布莱克（Black，1986）指出，噪声交易使得证券市场的存在成为可能，同时又使得证券市场不完美。噪声交易普遍存在于股票市场，无论是成熟还是新兴的股票市场。就我国而言，股票市场还处于新兴发展阶段，投资者也还不成熟，大多数投资者符合噪声交易者的特点，其不具备专业的投资知识，没有获取有价值信息的渠道，预测和分析的能力有限。

股票论坛（股吧）中主要包含个人观点信息、小道消息、情绪表达信息、虚假信息等，无论是哪种信息都有可能对投资者的心理与决策行为产生影响，即使是虚假信息，也存在噪声交易者不能及时识别而影响投资的情况，噪声交易者的行为偏差和非理性行为则具有影响股票价格的能力。

6.1.3 在线股评对股票市场的影响

在线股票评论指互联网用户对股票的在线评价。对在线股评的研究可以追溯到20世纪末，当时有研究者与投资者发现经典价格理论已经无法解释互联网行业相关股票的异常绩效，由此开始寻求其他因素来试图解释这一现象。

其中，一些学者从投资者参与互联网论坛的活动入手，基于在线股票评论对股票市场展开分析，实证分析了股评数量、股评内容与股票市场表现的关系。维索茨基（Wysocki，1998）以3000多只股票为样本，收集了约946000条在线股评，研究指出隔夜的股评数量可以预测次日的股票交易量与异常收益的变化。安特魏莱尔（Antweiler，2004）利用截面与时间序列分析证实了股评数量可以用来预测股票交易量与收益。

早期对在线股票评论的分析，局限于评论数量，随着情感分析技术的发展，研究者开始关注评论内容的情感表达。李（Li，2009）验证在线股评包含有价值的信息，并不只是噪声，并证明了对股市变化具有解释能力，但只有很少的研究进一步提出了具体的预测方法。

6.1.4 研究评述

情感分析技术的出现和逐渐完善，使得挖掘在线股票评论中的情感信息成为可能。已有研究验证了股评包含有价值的信息，并不只是噪声，并证明了对股市变化具有解释能力，但因为缺乏有效的预测方法，获得的预测结果有一定局限性。例如，股评情感对不同层面上的股票价格波动的预测力是否相同、股票特征是否会影响股评情感对股票价格波动的预测力、情感特征是否会影响股评情感对股票价格波动的预测力等问题并未得到解决。

因此，为进一步研究股评情感信息对股票市场的解释与预测作用，有必要探讨一种新的预测方法。与此同时，针对金融数据的GARCH模型和机器学习方法SVM的日益完善为寻求新的预测方法提供了解决方案，本书针对预测方法的不足，提出GARCH-SVM模型，并采用情感分析技术提取股评情感信息，将提取出的股评情感作为GARCH-SVM模型的一个输入项，从而预测股票价格的波动。

6.2 在线股评数据描述

6.2.1 数据来源与获取

随着互联网的广泛普及，网络成为信息传播的主要渠道。在金融领域，网络也日渐被投资者接受与使用。互联网不仅改变了投资者参与投资活动的方式，更成为股市投资信息传播的主要渠道，越来越多的投资者利用网络搜索金融信息，借助网络与他人交流投资经验与信息。其中，股票论坛（股吧）是投资者交流与讨论的重要场所，也是信息、内幕、传闻等金融信息集中的平台，论坛（股吧）中的在线股票评论影响着投资者的投资决策，进而影响股票市场。

因此，本书以互联网股票论坛（股吧）中的在线评论（股评）为研究对象，主要分析评论信息的数量与具体内容表达的情感倾向。在国内，各大门户网站都提供财经金融类频道，也有对应的股票论坛（股吧），如搜狐－股吧、新浪财经－股吧等。也有专业的财经类网站，如东方财富、金融界、和讯网等，这类网站专门提供财经类的信息，也具有相应的股吧。所有类别的网站都按照股票名称或股票代码对上市公司进行汇总，方便支持查询相关数据，同时各只股票都拥有自己的讨论板块（股吧），因此在数据搜索获取方面各类网站没有差异。我们使用PHP语言实现的网络爬虫完成数据下载工作。

本书根据Alexa中国官方网站（http：//cn. alexa. com/）的排名，选择在国内比较有影响力的东方财富（http：//www. eastmoney. com/）和新浪财经（http：//finance. sina. com. cn/）中的股票股吧进行初步股评数据收集。股票的股吧中，每天都有大量的股票评论被更新，但是，互联网股票股吧内容良莠不齐，并非所有在线股票评论均有价值，而有用的信息更可能反映或影响用户的投资决策心里和行为。因此，需要准确提取有用的在线股评信息。

6.2.2 在线股评数据统计

为提取对我们的研究更有价值的股评，我们首先收集了2周的股评，并对股评的发表规律和发表内容进行了统计分析。

6.2.2.1 股评的发表规律

通过对在线股评数量在周内的分布进行统计可知：大量的股票评论出现在交易日，非交易日的数据量非常少，交易日的评论数占了总评论数的96.82%。一周的所有交易日中，各日在线股评数量并没有显著差异，只是星期一的活动较少，这可能与普遍存在的“周一效应”相关，一般认为人在双休过后的周一往往比较疲倦、注意力不集中。

因为股票评论的发表大都集中在交易日，而金融股票数据也只有交易日可以获得，所以为了方便后续分析，我们只提取交易日的股票评论，并构成股票评论语料库。

6.2.2.2 股评的发表内容

股吧中的评论是在线评论的一种，它具有在线评论一般的的特点，但又跟针对产品/服务的在线评论有所不同。

（1）评论的有效时间。针对产品/服务发表的在线评论的有效期较长，为获得足够多关于与该产品/服务的评论信息，潜在用户有可能会关注数天甚至数月前的评论。股票评论则有很强的时效性，人们大都只关注近期内发表的评论。

（2）评论内容的相关性。针对产品/服务发表的评论大都来自电子商务网站，因此话题明确，几乎 100% 是针对评价对象进行的评论。而股吧中的股评包含很多无用话题，有部分股评表达的信息与股票完全无关，因此有需要清除这些不相关信息。

6.2.2.3 股评的分类

股吧中的股评按照发表对象的不同，主要包含以下两类：

（1）专家股评。作者一般是专业的股票分析人员。这些股票分析人员对市场中的各种因素加以整合并得出相关结论。专家股评一般包括对影响个股价格波动的因素、风险分析、对个股未来价格走势的预测以及投资的建议。由于其是个人观点，对同一只股票，不同的分析人员可能持观点并不一致。因此，专家股评是主观性的。

（2）个人股评。作者是普通的互联网用户。个人股评包括：由互联网用户发表的或在交流中表达出的对股市的看法与态度；部分小道消息，一些自称是知情者贴出的传闻；部分虚假信息，试图影响其他的人的决策行为而利于市场主力实施操控；情绪表达信息，投资者在损失或获利时发表的一些带有明显感情色彩的帖子以宣泄情绪。

6.3　在线股评情感提取

股吧中的在线评论按照评论的具体内容，主要包含以下两类：第一类是与股票相关的评论，其中包括看涨类和看跌类。看涨表示对股票市场整体发展看好，预期会上涨；看跌表示对股票市场总体发展持悲观态度，预计会下跌。这两类评论对本书的研究具有价值。第二类是与股票不相关的评论，表达的信息与股票完全无关，其内容对股票投资者是没有参考意义的，属于无价值信息。同时，由于这些评论内容混乱，它们的存在有可能会影响后续的情感分类效果，从而影响到统计分析结论。因此，有必要将这部分信息清除。

所以，在线股评情感提取主要包括两个步骤：步骤一，清除“不相关”类型的信息，选择和股评相关的信息；步骤二，提取股评中的情感信息。在步骤一中，采用了第 5 章的“属性观点对”的提取方法。在步骤二中，我们针对不同长度的股评，分别采用了第 3 章和第 4 章的情感极性分类方法。具体过程如图 6.1 所示。

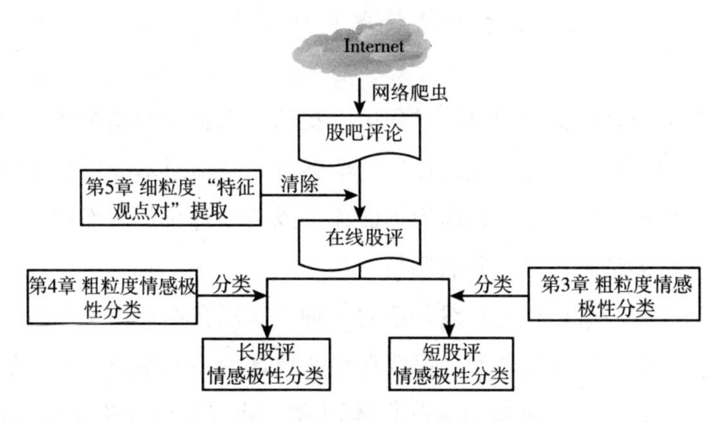

图 6.1　在线股评情感提取过程

6.3.1 采用细粒度方法提取“属性观点对”

在对股吧评论数据进行统计的过程中，我们发现在所下载的大量在线评论数据中包含这样一部分评论数据，其所表达的信息与股票市场完全无关。

例如某一帖子的内容：“谁知道巴菲特这老匹夫与盖茨披着慈善的外衣搞什么。”再例如，“大碗茶聊吧——请进大碗茶聊吧，为朋友们提供一个敞开心扉、互相交流、诉说甜酸苦辣的平台。”

这些与股票不相关的帖子内容对股吧参与者是没有参考意义的，属于无价值信息，它们的存在会影响后续的情感分析效率及分析结论。因此有必要在进行情感分析前，先选择相关性信息，清除不相关信息。

为选择相关股评，我们采用第 5 章“属性词和观点词”的提取方法，对相关类语料和不相关类语料进行分类。包含属性词和观点词的语料为股评相关的语料，不包含的为不相关语料。

6.3.2 采用粗粒度方法提取情感信息

在提取股评的情感信息的过程中，我们引入情感分析技术，对股票评论进行情感极性分类。股票评论的情感分类是通过对非结构化的股票评论进行分析，自动将其判断为正面评价或负面评价，从而识别投资者对未来股市的情感态度是看涨还是看跌。

因为在线股票评论是在线评论的一种，所以我们可以采用第 3 章和第 4 章提出的情感分析技术，提取在线股票评论中的情感，并根据该情感进一步对股票市场进行研究。具体而言，针对股票评论中的短评论，采用第 3 章的方法提取情感；针对股票评论中的长评论，采用第 4 章的方法提取情感。

6.3.2.1　短股评的情感极性分类

本章的短股评是指只包含有一句话的股评。例如："快逃命啊，明天就会百多点的大跌、暴跌!!!!"

经过第3章的研究我们发现，（1）选用N－gram作为特征项，分类准确率随着阶数的增加而下降，即1－gram>2－gram>3－gram，鉴于N－gram具有不需要对文本内容进行语言学处理等优点，我们在本章的股票研究中选用1－gram作为特征项。（2）采用DF、CHI、IG三种不同降维方法的分类准确率不存在显著差异。但因为DF方法简单易行，可扩展性好，适合超大规模文本数据集的特征降维，所以在本章的股票研究中，我们采用DF法进行特征降维。

6.3.2.2　长股评的情感极性分类

本章的长股评是指一篇评论中超过2个句子的股评。例如："我长线看好成飞集成，缘于成飞集成资产重组的独特性、重要性、成长性，两市没有任何题材能望其项背。虽一月来，成飞集成股价持续暴涨，涨幅惊人，但对于其应达到的价位，或许仍在半山腰。近两日，虽低点与高日均在上移，但盘中振幅明显加大，多空博弈激烈，人气伤害较大，平台震荡调整初现。预计本周末，平台震荡调整仍将继续，调整区域下限不超过周一阳线下端。下周平台震荡调整结束，将开启新一轮强势上涨行情，月底站上50元不是梦!"

这类评论（即段落级）句子多、信息量大。我们采用第4章的情感分析技术进行股评情感的提取，也就是将段落微粒化，并通过句子对更高级别的段落情感极性进行预测。

6.3.3 情感指数计算

经过情感分析步骤，我们获得了每篇股票评论的情感倾向。在该节，我们通过构建情感指数，从大量的股票评论中量化出每天的股评情感值。在本书中，我们选择看涨指数，以日为单位，对每天的每篇股票评论的情感正负值进行整合，从而形成股评情感值。该看涨指数由安特魏莱尔（Antweiler，2004）提出，在安特魏莱尔的研究和其他研究中被验证是最好的且最健壮的。

$$SI = \ln\left(\frac{1 + Q_{bull}}{1 + Q_{bear}}\right) \tag{6.1}$$

其中，Q_{bull}指一天当中看涨的股评数量，Q_{bear}指一天当中看跌的股评数量。

6.4 基于股评情感的 GARCH-SVM 模型设计

基于情感分析的 GARCH-SVM 模型设计如图 6.2 所示，主要包括以下三部分：（1）情感分析。采用情感分析技术对股评的情感进行分类：看涨和看跌两类。看涨股评的值记为 +1，看跌股评的值记为 -1。通过情感分类，将非结构化的网络信息转化成结构化的情感正负值。在记录情感值时，也记录每一篇评论出现的时间。（2）情感指数计算。根据股评的正负值，以日为单位，计算情感指数，从而获得每日的股评情感，以情感时间序列的形式存在。股评情感将作为 GARCH-SVM 模型的关键变量。（3）GARCH-SVM 模型。采用股评情感和 GARCH-SVM 模型，将股评情感时间序列作为输入项进行动态训练和预测。动态训练和预测是指采用滑动时间窗口的方法。例如，预测时间 t 的波动性，使用 $t-c$ 到

$t-1$的数据进行训练；预测时间$t+1$的波动性，便用$t-c+1$到t的数据进行训练。

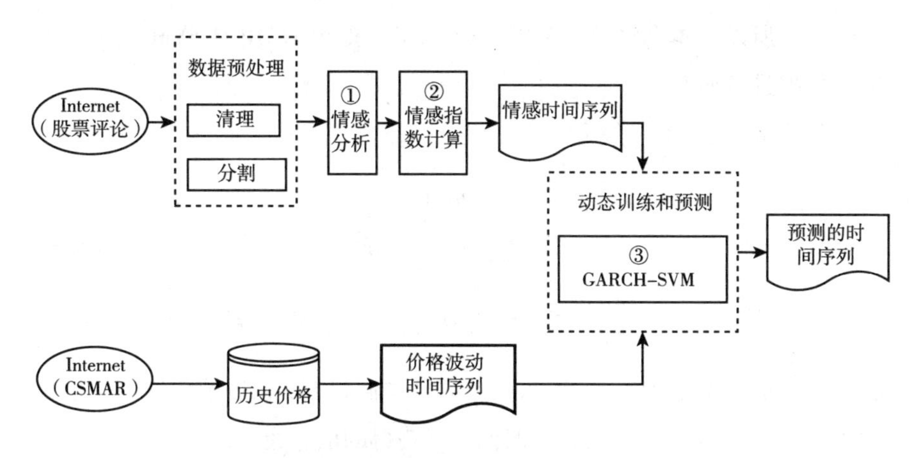

图6.2　基于情感分析的GARCH-SVM模型设计步骤

6.4.1　GARCH 模型

为了增强对股票市场波动的解释和预测能力，波勒斯勒夫（Bollerslev，1986）提出了GARCH模型进行波动性分析，随后，国内外很大一部分的研究学者将GARCH模型和人工神经网络相结合，对股票市场进行研究，并取得了一些研究成果。例如，吴秋芳（2013）等使用GARCH模型和BP神经网络对中国股市的量价关系进行了实证研究，结果显示，预期成交量与股市波动性之间存在较强的正相关关系。然而，由于人工神经网络存在以下一些缺点，影响了其预测效果：（1）对训练样本的要求比较高，需要大量样本才能建立较好的模型，且对有噪声的样本的分析效果不好。（2）容易陷入局部最优。（3）具有较差的泛化能力，对新鲜样本的适应能力较差。

鉴于神经网络的这些缺陷，在股票数据的研究中存在着一定的局限性，因此有必要探讨新的机器学习方法在股票预测中的可行性。支持向量机（SVM）是从统计学习理论出发延伸出来的一种新的机器学习方法，只需少量的样本就能对数据进行分析，具有较好的泛化能力和全局最优性。所以，本书结合 GARCH 和 SVM，提出 GARCH-SVM 模型，对股票数据进行研究。

GARCH 模型的一般形式为：

$$y_t = u_t + \varepsilon_t \tag{6.2}$$

$$\varepsilon_t \mid \Psi_{t-1} \sim N(0,\sigma_t^2) \tag{6.3}$$

$$\sigma_t^2 = \alpha_0 + \sum_{i=1}^{p} \alpha_i \sigma_{t-i}^2 + \sum_{j=1}^{q} \beta_j \varepsilon_{t-j}^2 \ (\alpha_0 > 0, \alpha_i, \beta_j \geqslant 0) \tag{6.4}$$

其中，y_t表示日收益率，u_t表示确定的平均回报率，ε_t表示随机项，也称作预测误差，残差 Ψ_{t-1}表示在时间 t 可获得的信息集。

GARCH 模型表明，ε_t是外部输入的函数，它在一定程度上影响着金融波动。式（6.4）中的参数 β_j表述了在市场上新事件对股票收益造成的影响，新事件通常是以金融信息的形式存在的。同时，互联网的快速发展使得人类获得大量实时的网络金融信息。考虑到这些因素，指定金融信息作为 ε_t的一个变量是合理的。因此我们使用以下公式表示 ε_t：

$$\varepsilon_t = y_t - \zeta \tag{6.5}$$

$$\varepsilon_t = f_t(W_t, \varepsilon'_t) = g_t(W_t) + \theta_t \varepsilon'_t \tag{6.6}$$

其中，ζ 是一个常量，W_t是第 t 天的网络金融信息量。因此改进后的 GARCH 模型可以表示为：

$$y_t = u_t + \varepsilon_t \tag{6.7}$$

$$\varepsilon_t \mid \Psi_{t-1} \sim N(0,\sigma_t^2) \tag{6.8}$$

$$\sigma_t^2 = \alpha_0 + \sum_{i=1}^{p} \alpha_i \chi_{t-i} \sigma_{t-i}^2 + \sum_{j=1}^{q} \beta_j \varphi_{t-j} y_{t-j}^2 + \sum_{k=1}^{r} \gamma_k \Phi_{t-k} W_{t-k}^2 \tag{6.9}$$

其中，p、q、r 代表 3 个时间滞后，3 个未知的函数χ_{t-i}、φ_{t-j}和 Φ_{t-k}代

表不确定的非线性相关性。

在式（6.9）中，股票价格的日收益率 y_t 通过对数形式计算，即：

$$y_t = \ln \frac{v_t}{v_{t-1}} \tag{6.10}$$

其中，v_t 表示针对某具体股票或指数第 t 天的收盘价。

在式（6.9）中，股票价格波动 σ_t^2 通过收益率的方差来衡量，即：

$$\sigma_t^2 = \frac{\sum_{i=0}^{D-1} (y_{t-i} - \bar{y})^2}{D - 1} \tag{6.11}$$

其中，D 为滑动窗口的宽度，本书采用 5 天，$\bar{y} = \frac{\sum_{i=0}^{D-1} y_{t-i}}{D}$，因而，波动 σ_t^2 可以通过计算从第（$t - D + 1$）到第 t 天的 y_t 的方差获得。

在式（6.9）中，金融信息 W_t 通过在线股评进行收集，并通过看涨指数进行计算。

6.4.2 GARCH-SVM 模型

图 6.3 显示了 GARCH-SVM 模型，所有变量和参数定义在式（6.9）中有定义。

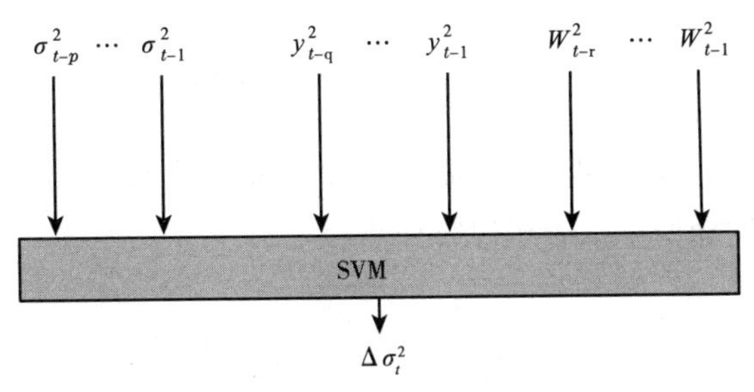

图 6.3　GARCH-SVM 模型

采用提取的股评情感和提出的 GARCH - SVM 模型，根据机器学习方法，将股评情感时间序列作为一个输入项进行动态训练和预测。为采用 SVM 进行训练，让 C 表示训练样本的大小，结合式（6.9）中的变量，我们使用一个矩阵元组_ P，T_ 来表示该训练样本，以存储 SVM 的输入项（P）和输出项（T）。

$$P=\begin{bmatrix} \sigma^2_{t-c-1} & \sigma^2_{t-c-2} & \cdots & \sigma^2_{t-c-p} & y^2_{t-c-1} & y^2_{t-c-2} & \cdots & y^2_{t-c-q} & W^2_{t-c-1} & W^2_{t-c-2} & \cdots & W^2_{t-c-r} \\ \sigma^2_{t-c} & \sigma^2_{t-c-1} & \cdots & \sigma^2_{t-c+1-p} & y^2_{t-c} & y^2_{t-c-1} & \cdots & y^2_{t-c+1-q} & W^2_{t-c} & W^2_{t-c-1} & \cdots & W^2_{t-c+1-r} \\ \sigma^2_{t-c+1} & \sigma^2_{t-c} & \cdots & \sigma^2_{t-c+2-p} & y^2_{t-c+1} & y^2_{t-c} & \cdots & y^2_{t-c+2-q} & W^2_{t-c+1} & W^2_{t-c} & \cdots & W^2_{t-c+2-r} \\ \cdots & \cdots & & \cdots & \cdots & \cdots & & \cdots & \cdots & \cdots & & \cdots \\ \sigma^2_{t-2} & \sigma^2_{t-3} & \cdots & \sigma^2_{t-1-p} & y^2_{t-2} & y^2_{t-3} & \cdots & y^2_{t-1-q} & W^2_{t-2} & W^2_{t-3} & \cdots & W^2_{t-1-r} \\ \sigma^2_{t-1} & \sigma^2_{t-2} & \cdots & \sigma^2_{t-p} & y^2_{t-1} & y^2_{t-2} & \cdots & y^2_{t-q} & W^2_{t-1} & W^2_{t-2} & \cdots & W^2_{t-r} \end{bmatrix}$$

$$T=\begin{bmatrix} \Delta\sigma^2_{t-c} \\ \Delta\sigma^2_{t-c+1} \\ \Delta\sigma^2_{t-c+2} \\ \cdots \\ \Delta\sigma^2_{t-1} \\ \Delta\sigma^2_{t} \end{bmatrix}$$

$\Delta\sigma_t^2$表示波动趋势，它显示了股价波动的变化方向，定义如下：

$$\Delta\sigma_t^2=\begin{cases} 1, & \sigma_t^2>\sigma_{t-1}^2 \\ -1, & \sigma_t^2<\sigma_{t-1}^2 \end{cases}$$

如果 $\Delta\sigma_t^2$ 为 1，说明波动变大，表示风险变大；反之，如果 $\Delta\sigma_t^2$ 为 -1，说明波动变小，表示风险变小。

6.5 基于股评情感的GARCH-SVM模型的预测力分析

6.5.1 股评情感的提取效果分析

本书选取军工行业中，股吧活动较活跃，且在行业中具有一定地位的41家上市公司。为保持时间统一性，本章从国泰安数据库（http://www.gtarsc.com/）下载了41家上市公司的股票数据，如日期、收盘价格、上市时间等。剔除掉ST公司和研究期内股评数据不可获取的公司后，剩余30家上市公司。针对这30家公司收集的股票评论数量如表6.1所示。

表6.1 军工行业股票数据概况（部分）

股票名称	股评累积量	股票名称	股评累积量
奥普光电	65561	航空动力	173261
川大智胜	28121	海格通信	68730
洪都航空	104342	中航重机	10812
西飞国际	82203	成飞集成	51177

股评情感的提取过程中，情感分类的效果是关键的影响因素，因此首先对在线股评的分类效果进行研究。为判断分类效果，我们首先人工标注一部分股吧评论，并将“机器标注的结果（标注值）”与“人工标注的结果（实际值）”相比较，从而获得分类准确率。

按照第6.3.1节中的细粒度方法提取“属性观点对”，将股吧评论分为相关、不相关两类，从而清除不相关数据。我们采用分类准确率来评价分类结果。分类准确率 $P=(A+D)/(A+B+C+D)$。A、B、C、D的含义如表6.2所示。

表 6.2　相关分类准确率

	实际相关的评论数	实际不相关的评论数
标注为相关的评论数	A	B
标注为不相关的评论数	C	D

按照第 6.3.2 节中的粗粒度方法进行情感极性分类，将股评分为看涨（+1）、看跌（-1）两类。我们采用分类准确率来评价分类结果。分类准确率 $P=(A+D)/(A+B+C+D)$。A、B、C、D 的含义如表 6.3 所示。

表 6.3　情感分类准确率

	实际为肯定的评论数	实际为否定的评论数
标注为肯定的评论数	A	B
标注为否定的评论数	C	D

实验结果如表 6.4 所示。

表 6.4　分类结果　单位：%

实验类别	准确率
是否相关	76.33
情感分类	89.69

结果显示，采用第 6.3.1 节中的方法分类与股评相关的评论和不相关评论，可以清除大部分不相关数据，从而提高之后步骤中情感分类的效率。采用第 6.3.2 节中的情感分类方法，情感分类准确率达到了 89.69%，因此可以采用该方法对股评进行情感分类。

在对每条在线股评进行情感极性分类，获取了股评情感值后，以日为单位，计算情感指数，从而获得在线股评中每日的股评情感，以情感时间序列的形式存在。股评情感将作为 GARCH-SVM 模型的一个关键输入项。

6.5.2　GARCH-SVM 模型在行业层面的预测力分析

在获得情感时间序列后，我们将分析 GARCH-SVM 模型的预测力。在本实验中，我们对 30 只股票的情感进行整合，从而获得W_t^2，通过对军工指数收盘价的相关计算，获得y_t^2和σ_t^2，将W_t^2、y_t^2、σ_t^2作为输入项进行动态训练和预测，并据此分析 GARCH-SVM 模型在行业层面的预测力，以预测 $\Delta\sigma_t^2$ 的准确率作为判断标准。结果见表 6.5。

表 6.5　　GARCH（2，2，r）– SVM 的预测准确率

GARCH-SVM（p，q，r）			
p	q	r	准确率（%）
2	2	2	48.49
2	2	3	57.14
2	2	4	52.38
2	2	5	58.00
2	2	6	62.50
2	2	7	62.50
2	2	8	64.70
2	2	9	63.64
χ^2			3.274
p			0.070

GARCH（2，2）是最常见且预测效果最好的 GARCH 模型。因此在 GARCH-SVM 模型中，参数 p 和参数 q 的取值为 2，在此基础上，研究参数 r 的取值对预测结果的影响。

卡方检验显示，r 取不同值时的分类准确率存在显著差异。r 较小时，增加 r 的值可以提高分类准确率，但当 r 增加到一定数量时，准确率不再有明显提高，甚至会出现下降。这也验证了股评信息具有时效性，即股评的有效时间有限，网络用户不会关注太久之前的股票评论。与此同时，r 的增加会导致训练时间的增加，因此，选择 r 的值时，需要平衡效率和准确率二者的关系。因为当 p、q、r 的值分别为 2、2、8 时，预测的准确率最高，因此下面的实验中，我们选择 2、2、8 作为 p、q、r 的值。

6.5.3 GARCH-SVM 模型在个股层面的预测力分析

上一实验的结果显示，在行业水平上，GARCH-SVM 模型对股价波动的预测力不强，准确率只有 60% 多。可能的原因是：投资者经常选择一定的股票投资组合，并习惯于收集、发表针对个股的评价信息，将针对个股的股评情感进行简单整合，并不能很好地体现网络用户对行业的情感态度，所以 GARCH-SVM 模型在行业层面的预测力不强。

因此在该实验中，我们在个股水平上进行实验，分析 GARCH-SVM 模型在个股层面的预测力，并从股票特征和情感特征两个方面，探讨可能影响预测力的因素。

6.5.3.1 股票特征对 GARCH-SVM 模型预测力的影响

宋泽芳（2012）研究证明，股龄、股票规模、市净率有可能影响情感信息对股价的预测力。因此，我们选择这三种股票特征进行分析。相关数据从国泰安数据库下载获得。将研究的 30 只股票分别按照这三个特征从小到大排列，然后将所有股票等分成 3 个组合，计算每个组合内的每只股票应用 GARCH-SVM 模型预测的预测准确率，并求平均值。结果见表 6.6。

表6.6 GARCH（2，2，8）-SVM的预测准确率

股票特征	准确率（%）			X^2	p
	组合1（小）	组合2（中）	组合3（大）		
股龄	66.7	62.5	68.1	1.434	0.488
规模	73.1	65.7	58.5	9.329	0.009
市净率	60.9	62.6	73.8	8.385	0.015

（1）上市年龄对GARCH-SVM模型预测力的影响。对于不同股龄的股票组合而言，卡方检验显示，分类准确率不存在显著性差异，即上市年龄对GARCH-SVM模型预测力的影响较小。

通常认为，网络信息情感对上市历史较长的股票影响较小，但这一结论并没有得到本书的验证。可能的原因是，国外的证券市场已经近百年的发展历史，相对规范，不同股票的股龄差异较大，股龄大小影响市场交易者对网络信息情感的接受程度，进而影响市场交易者的投资决策。而我国证券市场发展时间较短，不同股票的股龄差异不大，所以股龄大小并不影响市场交易者对网络信息情感的接受程度，也不影响市场交易者的投资决策。

（2）规模对GARCH-SVM模型预测力的影响。对于不同规模的股票组合而言，卡方检验显示，分类准确率存在显著差异，即股票规模对GARCH-SVM模型预测力的影响较大。

当规模较小时，采用GARCH-SVM模型的预测准确率较高。反之，当规模较大时，采用GARCH-SVM模型的预测准确率较低。可能原因是，规模越小的股票越易受到情感的影响。当股票规模较小时，市场交易者对网络信息情感的敏感度较高，信息情感对市场交易者的投资决策影响较大，进而最终影响股价波动。反之，市场交易者对网络信息情感的敏感度较低。

（3）市净率对GARCH-SVM模型预测力的影响。对于不同市净率的股票组合而言，卡方检验显示，分类准确率存在显著差异。即市净率对

GARCH-SVM 模型预测力的影响较大。

当市净率较大时，采用 GARCH-SVM 模型的预测准确率较高，反之，当市净率较小时，采用 GARCH-SVM 模型的预测准确率较低。可能原因是，市净率越高的股票越易受到情绪的影响。当市净率较高时，市场交易者对网络信息情感的敏感度较高，信息情感对市场交易者的投资决策影响较大，进而最终影响股价波动。反之，市场交易者对网络信息情感的敏感度较低。

6.5.3.2 情感特征对 GARCH-SVM 模型预测力的影响

我们选择看涨和看跌两种情感进行分析，结果如表 6.7 所示。由表 6.7 可知，应用 GARCH（2，2，8）- SVM 模型进行预测时，看跌的情感比看涨的情感有更好的预测力，这与庄（Chong，2011）已有研究的结论一致。可能原因是：（1）用户更愿意相信消极的信息，看跌的信息会比看涨的信息获得更多的关注。（2）看涨的信息中，由于大多交易者希望股价上涨，所以看涨信息中有一部分只是投资者个人一厢情愿的想法。

表 6.7　　GARCH（2，2，8）- SVM 的预测准确率

股票特征	情感	准确率（%）		
		组合 1	组合 2	组合 3
股龄		66.7	62.5	68.1
	看涨 P_p	50	58.4	70.5
	看跌 P_n	69.1	71.4	78.4
规模		73.1	65.7	58.5
	看涨 P_p	70.5	66.7	41.65
	看跌 P_n	76.6	75	67.3
市净率		60.9	65.6	73.8
	看涨 P_p	50	62.2	66.7
	看跌 P_n	69.1	76.6	75

6.6　本章小结

情感分析技术的出现和逐渐完善，使得挖掘在线股票评论中的情感信息成为可能。为研究股评情感信息对股票市场的解释与预测作用，本章基于情感分析视角，采用机器学习和计量经济两种范式相结合的方法，提出GARCH-SVM模型，并将提取的股评情感信息作为GARCH-SVM模型的一个输入项，从而预测股票价格的波动。

通过实验发现，采用提取出的股评情感和GARCH-SVM模型进行股票价格的预测是可行的，在线股评情感在个股层面上的预测力大于在行业层面上的预测力，且预测力受到股票特征和情感特征的影响。股票规模较小、市净率较大的股票，采用GARCH-SVM模型的预测准确率较高；看跌的情感比看涨的情感有更好的预测力。

本章的分析即为我国股票市场研究提供新的视角，也扩大了情感分析技术的应用范围。今后可以在以下几个方面进一步探讨：（1）扩大网络股评数据来源以获得更有效的结果。（2）研究更加有效的情感分析方法，以加强股票评论情感分类的准确率。（3）进一步改进GARCH-SVM模型以获得更好的预测结果。

参考文献

[1] Alexander J. H., Freiling M. J., Shulman S. J., and et al. Knowledge Level Engineering: Ontological Analysis [C]. Proceedings of AAAI. Proceedings of the 5th National Conference on Artificial Intelligence, Los Altos: Morgan Kaufmann Publishers, 1986: 963 – 968.

[2] Antweiler W., Frank M. Z. Is All That Talk Just Noise? The Information Content of Internet Stock Message Boards [J]. Journal of Finance. 2004, 59 (3): 1259 – 1294.

[3] Aue A., Gamon M. Customizing Sentiment Classifiers to New Domains: A Case Study [C]. In Proceedings of RANLP, 2005.

[4] Berardinelli J. The Reelviews [DB/OL]. 2009. http://www.reelviews.net.

[5] Black F. Noise [J]. Journal of Finance. 1986, 41 (3): 529 – 543.

[6] Bloom K., Garg N., Argamon S. Extracting Appraisal Expressions [C]. In Proceedings of HLT-NAACL 2007, Rochester, NY, USA, 2007: 308 – 315.

[7] Bollerslev T. Generalized Autoregressive Conditional Heteroskedasticity [J]. Econometrics. 1986, 31 (3): 307 – 327.

[8] Chong O. Investigating Predictive Power of Stock Micro Blog Sentiment in Forecasting Future Stock Price Directional Movement [C]. Thirty Second International Conference on Information Systems, Shanghai, 2011.

[9] Cui H. , Mittal V. , Datar M. Comparative Experiments on Sentiment Classification for Online Product Reviews [C]. Proceedings of the 21 st National Conference on Artificial Intelligence (AAAI – 06), Boston, USA, 2006: 1265 – 1270.

[10] Dave K. , Lawrence S. , Pennock D. Mining the Peanut Gallery: Opinion Extraction and Semantic Classification of Product Reviews [C]. Proceedings of the 12th International World Wide Web Conference, Budapest, Hungary: ACM Press, 2003: 519 – 528.

[11] Dave K. , Lawrence S. , Pennock D. M. Mining the Peanut Gallery: Opinion Extraction and Semantic Classification of Product Reviews [C]. Proc. of the 12th Int. WWW Conf. , Budapest, Hungary, 2003: 519 – 528.

[12] Dong Z. D. , Dong Q. Hownet and the Computation of Meaning [M]. Singapore: World Scientific Publishing Co. Pte. Ltd. 2006.

[13] Duan W. J. , Gu B. , Whinston A. Do Online Reviews Matter? — An Empirical Investigation of Panel Data [J]. Decision Support Systems, 2008 (45): 1007 – 1016.

[14] Duan W. J. , Gu B. , Whinston A. The Dynamics of Online Word-of-Mouth and Product Sales—an Empirical Investigation of the Movie Industry [J]. Journal of Retailing, 2008, 84 (2): 233 – 242.

[15] Feldman R. , Goldenberg J. , Netzer O. Mine Your Own Business: Market Structure Surveillance through Text Mining [J]. Marketing Science Institute, Special Report, 2010: 10 – 20.

[16] Felix G. , Daniel R. C. , and Christopher M. Harnessing the Cloud of Patient Experience: using Social Media to Detect Poor Quality Healthcare [J]. BMJ Quality & Safety. 2013, 22 (3): 251 – 255.

[17] Forman C. , Ghose A. , Wiesenfeld B. Examining the Relationship between Reviews and Sales: The Role of Reviewer Identity Disclosure in

Electronic Markets [J]. Information Systems Research, 2008, 19 (3): 291 - 313.

[18] Froot K. A., Scharfstein D. S., Stein J. C. Herd on the Street: Informational Inefficiencies in A Market with Short-Term Speculation [J]. Journal of Finance. 2012, 47 (4): 1461 - 1484.

[19] Gamon M., Aue A. Automatic Identification of Sentiment Vocabulary: Exploiting Low Association with Known Sentiment Terms [C]. Proc. of the ACL-2005 Workshop on Feature Engineering for Machine Learning in NLP. Michigan, USA, 2005: 57 - 64.

[20] Gamon M. Sentiment Classification on Customer Feedback Data: Noisy Data, Large Feature Vectors, and the Role of Linguistic Analysis [C]. Proceedings of the 20th International Conference on Computational Linguistics (COLING), Morristown, NJ, USA: Association for Computational Linguistics, 2004: 841 - 847.

[21] Ghose A., Ipeirotis P. G. Designing Novel Review Ranking Systems: Predicting Usefulness and Impact of Reviews [C]. Proceedings of the 9th International Conference on Electronic Commerce (ICEC), NewYork, USA: ACM, 2007: 303 - 310.

[22] Holzman L., Pottenger W. Classification of Emotions in Internet Chat: An Application of Machine Learning using Speech Phonemes [R]. Technical Report LU - CSE - 03 - 002, Lehigh University, 2003.

[23] Hu M., Liu B. Mining Opinion Features in Customer Reviews [C]. Proceedings of the AAAI 2004. Menlo Park: AAAI Press, 2004: 755 - 760.

[24] Hu M. Q., Liu B. Mining and Summarizing Customer Reviews [C]. Proceedings of the ACM SIGKDD International Conference on Knowledge Discovery & Data Mining (KDD - 2004). New York: ACM, 2004: 168 - 177.

[25] Hu M. Q., Liu B. Mining and Summarizing Customer Reviews

[C]. Proceedings of the 8th ACM SIGKDD International Conference on Knowledge Discovery and Data Mining, Seattle, WA, 2004.

[26] Hu M. Q., Liu B. Mining and Summarizing Customer Reviews [C]. In Proceedings of the 10th ACM SIGKDD International Conference on Knowledge Discovery & Data Mining. Seattle, WA, USA: ACM, 2004: 168 – 177.

[27] Jiang B. J., Wang B. Impact of Consumer Reviews and Ratings on Sales, Prices, and Profits: Theory and Evidence [C]. In Proc. of Int'l Conf. of Information Systems, 2008: 141 – 171.

[28] Kamps J., Marx M., Mokken R. J., et al. Using WordNet to Measure Semantic Orientation of Adjectives [C]. Proceedings of the 4th International Conference on Language Resources and Evaluation. Lisbon. PT: European Language Resources Association. 2004: 1115 – 1118.

[29] Kim S. M., Hovy E. Determining the Sentiment of Opinions [C]. Proceedings of the 20th International Conference on Computational Linguistics (COLING), Stroudsburg, PA, USA: Association for Computational Linguistics, 2004, 1367 – 1373.

[30] Kim S. M., Hovy E. Extracting Opinions, Opinion Holders, and Topics Expressed in Online News Media Text [C]. In Proceedings of the Workshop on Sentiment and Subjectivity in Text. Sydney, Australia, 2006: 1 – 8.

[31] Ku L. W., Liang Y. T., and Chen H. H. Opinion Extraction, Summarization and Tracking in News and Blog Corpora [C]. Nicolas Nicolov, Franco Salvetti, Mark Liberman, and James H. Martin (Eds.). AAAI Symposium on Computational Approaches to Analyzing Weblogs (AAAI-CAAW), Menlo Park, California, USA: AAAI Press, 2006: 100 – 107.

[32] Li J. An Approach of Sentiment Classification using SVM for Chi-

nese Texts [C]. Proceedings of 2006 International Conference on Artificial Intelligence - 50 years' achievements, Future Directions and Social Impacts, 2006: 759 -761.

[33] Li N., Liang X., Li X., Wang C., and Wu D. D. Network Environment and Financial Risk Using Machine Learning and Sentiment Analysis [J]. Human and Ecological Risk Assessment. 2009, 15 (2): 227 -252.

[34] Li X. X., Hitt L. M. Price Effects in Online Product: An Analytical Model and Empirical Analysis [J]. MIS Quarterly, 2010, 34 (4): 809 -831.

[35] Li X. X., Hitt L. M. Self Selection and Information Role of Online Product Reviews [J]. Information Systems Research, 2008, 19 (4): 456 -474.

[36] Li Z., Feng J., Zhu X. Y. Movie Review Mining and Summarization [C]. Proceedings of the 2006 ACM CIKM International Conference on Information and Knowledge Management, Arlington, Virginia, USA, 2006.

[37] Lin W. H., Wilson T., Wiebe J., et al. Which Side Are You on? Identifying Perspectives at the Document and Sentence Levels [C]. Proceedings of the 10th Conference on Computational Natural Language Learning (CoNLL-X), NY, USA: ACM, 2006: 109 -116.

[38] Lintner G. Behavioral Finance: Why Investors Make Bad Decisions [J]. The Planner. 1998, 13 (1): 7 -8.

[39] Liu B., Hu M., Chen J. Opinion Observer: Analyzing and Comparing Opinion on the Web [A]. Proc. of the 14th Int. Conf. on World Wide Web [C]. Chiba, Japan, 2005: 343 -351.

[40] Liu B., Hu M. Q., Cheng J. S. Opinion Observer: Analyzing and Comparing Opinions on the Web [C]. In Proceedings of the 14th Interna-

tional World Wide Web Conference. Chiba, Japan, 2005: 342 -351.

[41] Liu P. , Wang L. Y. , Ding X. H. Modeling Product Feature Usability through Web Mining [C]. Proceedings of the 2nd International conference on E-business and Information System Security, Wuhan, China, 2010: 42 -45.

[42] Liu Y. Word-of-Mouth for Movies: Its Dynamics and Impact on Box Office Revenue [J]. Journal of Marketing, 2006, 70 (3): 74 -89.

[43] Macdonald C. , Ounis I. The Trecblogs [DB/OL]. 2006. http: //trec. nist. gov /data /blog. html.

[44] Mao Y. , Lebanon G. Isotonic Conditional Random Fields and Local Sentiment Flow [C]. In Proceedings of the 20th Annual Conference on Neural Information Processing Systems Conference (NIPS), Cambridge, MA: MIT Press, 2006: 961 - 968.

[45] Mao Y. , Lebanon G. Isotonic Conditional Random Fields and Local Sentiment Flow [C]. In: The Proceedings of Neural Information Processing Systems, 2007: 961 -968.

[46] McDonald R. , Hannan K. , Neylon T. , and et al. Structured Models for Fine-to-Coarse Sentiment Analysis [C]. In: Proceedings of ACL, 2007, 2 (1): 432 -439.

[47] Mullen T. , Collier N. Sentiment Analysis using Support Vector Machines with Diverse Information Sources [C]. Proc. of EMNLP-2004, Barcelona, Spain, 2004: 412 -418.

[48] Pang B. , Lee L. A Sentimental Education: Sentiment Analysis using Subjectivity Summarization based on Minimum Cuts [C]. In: Proc. of the 42nd Meeting of the Association for Computational Languages. Barcelona, Spain. 2004: 271 - 278.

[49] Pang B. , Lee L. and Vaithyanathan S. Sentiment Classification

using Machine Learning Techniques [C]. Proceedings of the Conference on Empirical Methods in Natural Language Processing. Philadelphia, US, 2002: 79-86.

[50] Pang B., Lee L. Cornell Movie-Review Corpus [DB/OL]. 2002. http: ///www. cs. Cornell. edu/People/pabo/movie-review-data.

[51] Pang B., Lee L. Seeing Stars: Exploiting Class Relationships for Sentiment Categorization with Respect to Rating Scales [C]. In: Proceedings of the 43rd Annual Meeting of the Association for Computer Linguistics. Morristown, NJ, USA, 2005: 115-124.

[52] Pekar V., Ou S. Discovery of Subjective Evaluations of Product Features in Hotel Reviews [J]. Journal of Vacation Marketing, 2008, 14 (2): 145-155.

[53] Philipp M. Support Vector Machines in Automated Emotion Classification [D]. Churchill College, 2003.

[54] Popescu A. M., Etzioni O. Extracting Product Features and Opinions from Reviews [C]. Human Language Technology Conference and Conference on Empirical Methods in Natural Language Processing, Vancouver, Canada, 2005.

[55] Read J. Using Emoticons to Reduce Dependency in Machine Learning Techniques for Sentiment Classification. In ACL Student Research Workshop, 2005: 43 - 48.

[56] Ren F. J. Linguistic-Based Emotion Analysis and Recognition for Measuring Consumer Satisfaction: An Application of Affective Computing [J]. Information Technology & Management, 2012, 13 (4): 321-332.

[57] Salton G., Wong A., Yang C. S. On the Specification of Term Values in Automatic Indexing [J]. Journal of Documentation, 1973, 29 (4): 351-372.

[58] Shi W., Qi G. Q., Meng F. J. Sentiment Classification for Book Reviews based on SVM Model [C]. Proceedings of the 2005 International Conference on Management Science & Engineering. 2005: 214 -217.

[59] Shi Y., Sia C. L., Yang J. B., Nan Wang and Huaping Chen. The Adoption of Online Review in Online Consumer Community: From a Social Impact Perspective [C]. Proceedings of the 16th Cross Straits Information Management Conference (CSIM2010), Hong Kong, China. 2010.

[60] Shleifer A. Inefficient Markets: An Introduction to Behavioral Finance [M]. Oxford University Press, USA, 2000: 52.

[61] Sunil K. Sentiment Classification using Language Models and Sentence Position Information. http://nlp.stanford.edu/courses/cs224n/2010/reports/sukhanal.pdf.

[62] Tan S., Wu G., Tang H. and Cheng X. A Novel Scheme for Domain-Transfer Problem in the Context of Sentiment Analysis [C]. In Proceedings of CIKM07, 2007.

[63] Tan S. B., Zhang J. An Empirical Study of Sentiment Analysis for Chinese Documents [J]. Expert Systems with Applications, 2008, 34 (4): 22 -26.

[64] Thaler R. H. Advances in Behavioral Finance [M]. Russell Sage Foundation Publications, 1993.

[65] Tong R. M. An Operational System for Detecting and Tracking Opinions in Online Discussion [C]. SIGIR Workshop on Operational Text Classification. NY, USA, 2001: 1 -6.

[66] Turney P. Thumbs up or Thumbs down? Semantic Orientation Applied to Unsupervised Classification of Review [C]. Proceedings of the 40th Annual Meeting of the Association for Computational Linguistics (ACL), Morristown, NJ, USA: Association for Computational Linguistics, 2002:

417 -424.

[67] Whitelaw C., Garg N., Argamon S. Using Appraisal Groups for Sentiment Analysis [C]. In: Proc. Of the 14th ACM Int. Conf. on Information and Knowledge Management. ACM, 2005, 9 (1): 625 -631.

[68] Wiebe J., Bruce R., and O'Hara T. Development and Use of a Gold Standard Dataset for Subjectivity Classifications [C]. In: Proceedings of the 37th Annual Meeting of the Association for Computational Linguistics (ACL -99). Seattle, USA. 1999: 246 -253.

[69] Wiebe J., Wilson T., Bruce R., et al. Learning Subjective Language [J]. Computational Linguistics, 2004, 30 (3): 277 -308.

[70] Wiebe J., Wilson T., Cardie C. Annotating Expressions of Opinions and Emotions in Language [J]. Language Resources and Evaluation, 2005, 39 (23): 164 -210.

[71] Wiebe J. Learning Subjective Adjectives from Corpora [C]. In: Proceedings of the 17th National Conference on Artificial Intelligence (AAAI - 2000). Texas, USA. 2000: 735 -740.

[72] Wiebe J. Tracking Point of View in Narrative [J]. Computational Linguistics, 1994, 20 (2): 233 -287.

[73] Wilson T., Hoffmann P., Somasundaran S., Kessler J. Opinion Finder: A System for Subjectivity Analysis [C]. In Proceedings of Human Language Technology Conference and Conference on Empirical Methods in Natural Language Processing (HLT/EMNLP), Vancouver, Canada, 2005: 347 -354.

[74] Wilson T., Wiebe J., Annotating Attributions and Private States [C]. In Proceedings of ACL Workshop on Frontiers in Corpus Annotation II: Pie in the Sky. Morristown, NJ, USA, 2005: 53 -60.

[75] Wilson T., Wiebe J. and Hwa R. Just How Mad Are You? Finding

Strong and Weak Opinion Clauses [C]. Proceedings of the 19th national conference on Artifical intelligence. USA: AAAI Press, 2004: 761 - 769.

[76] Wysocki P. D. Cheap Talk on the Web: the Determinants of Postings on Stock Message Boards [J]. Ssrn Electronic Journal, 1999.

[77] Xia H. S., Peng L. Y. SVM-Based Comments Classification and Mining of Virtual Community: For Case of Sentiment Classification of Hotel Reviews [C]. Proceedings of the International Symposium on Intelligent Information Systems and Applications (IISA'09), 2009: 10, 507 - 511.

[78] Xia Y. Q., Su W. F., and Lau, R. Y. K. Discovering Latent Commercial Networks from Online Financial News Articles [J]. Enterprise Information Systems. 2013, 7 (3): 303 - 331.

[79] Xu X. Y., Tao J. H., Study on Affective Division in Chinese Emotion System [C]. The 1st Chinese Conference on Affective Computing and Intelligent Interaction. Beijing, 2003: 199 - 205.

[80] Yang H. W. Modeling the Global Acoustic Correlates of Expressivity for Chinese Text-to-Speech Synthesis [C]. Workshop on Spoken Language Technology. Aruba: IEEE, 2006: 38 - 141.

[81] Yan J. J., David B., Ren F. J., and Kuroiwa S. The Creation of a Chinese Emotion Ontology Based on HowNet [J]. Engineering Letters, 2008, 16 (1): 16 - 24.

[82] Yao J. N., Wang H. W., Yin P. Sentiment Feature Identification from Chinese Online Reviews [J]. Communications in Computer and Information Science, 2011, 201 CCIS, 315 - 322.

[83] Ye Q., Lin B., Li Y. J. Sentiment Classification for Chinese Reviews: A Comparison between SVM and Semantic Approaches [C]. Proceedings of 2005 International Machine Learning and Cybernetics Conference, 2005, 8 (4): 2341 - 2346.

[84] Ye Q., Zhang Z. Q., Law R. Sentiment Classification of Online Reviews to Travel Destinations by Supervised Machine Learning Approaches [J]. Expert Systems with Applications, 2009, 36 (3): 6527 - 6535.

[85] Yi J., Nasukawa T., Bunescu R. C., et al. Sentiment Analyzer: Extracting Sentiments about a Given Topic using Natural Language Processing Techniques [C]. Proceedings of the 3rd IEEE International Conference on Data Mining, 2003.

[86] Yin P., Wang H. W., Guo K. Q. Feature-Opinion Pair Identification of Product Reviews in Chinese: A Domain Ontology Modeling Method [J]. New Review of Hypermedia and Multimedia. 2013, 19 (1): 3 - 24.

[87] Yu H., Hatzivassiloglou V. Towards Answering Opinion Questions: Separating Facts from Opinions and Identifying the Polarity of Opinion Sentences [C]. In: Proceedings of the 2003 Conference on Empirical Methods in Natural Language Processing. Sapporo, Japan. 2003: 129 - 136.

[88] Zhang C. L, Zeng D., Li J. X. Sentiment Analysis of Chinese Documents: from Sentence to Document Level [J]. Journal of the American Society for Information Science and Technology, 2009, 60 (12): 2474 - 2487.

[89] Zhang D., Xue G. R., and Yu Y. Iterative Reinforcement Cross-domain Text Classification [C]. In Proceedings of 4th International Conference on Advanced Data Mining and Applications (ADMA 2008), 2008: 282 - 293.

[90] Zhang Z. Q., Ye Q., Law R., Li Y. J. The Impact of E-Word-of-Mouth on the Online Popularity of Restaurants: A Comparison of Consumer Reviews and Editor Reviews [J]. International Journal of Hospitality Management, 2009 (28): 180 - 182.

[91] Zhang Z. Q., Ye Q., Zhang Z. L., Li Y. J. Sentiment Classifica-

tion of Internet Restaurant Reviews Written in Cantonese [J]. Expert Systems with Applications, 2011 (38): 7674-7682.

[92] Zhao Y. Y., Qin B., Che W. X., Liu T. Appraisal Expression Recognition with Syntactic Path for Sentence Sentiment Classification [J]. Int'l Journal of Computer Processing of Languages. 2011, 23 (1): 55-70.

[93] Zheng Y., Ye L., Wu G. F., Li X. Extracting Product Features from Chinese Customer Reviews [C]. In Proceedings of 2008 3rd International Conference on Intelligent System and Knowledge Engineering. Xiamen, Fujian, China, 2008: 285-290.

[94] Zhu F., Zhang X. Q. Impact of Online Consumer Reviews on Sales: The Moderating Role of Product and Consumer Characteristics [J]. Journal of Marketing, 2010, 74 (2): 133-148.

[95] 陈博. Web文本情感分类中关键问题的研究 [D]. 北京: 北京邮电大学, 2008.

[96] 陈建美. 文情感词汇本体的构建及其应用 [D]. 大连: 大连理工大学, 2009.

[97] 崔大志, 孙丽伟. 在线评论情感词汇模糊本体库构建 [J]. 辽宁工程技术大学学报 (社会科学版), 2010 (4): 395-398.

[98] 龚诗阳, 刘霞, 刘洋, 赵平. 网络口碑决定产品命运吗——对线上图书评论的实证分析 [J]. 南开管理评论, 2012, 15 (4): 118-128.

[99] 郝媛媛, 邹鹏, 李一军, 叶强. 基于电影面板数据的在线评论情感倾向对销售收入影响的实证研究 [J]. 管理评论, 2009, 21 (10): 95-103.

[100] 侯红卫, 李雪峰. 基于行为金融理论的投资者行为研究方法现状与展望 [J]. 科学决策, 2010 (2): 83-93.

[101] 金聪, 金平. 网络环境下中文情感倾向的分类方法 [J]. 语

言文字应用，2008，5（2）：139－144.

[102] 李钝．基于短语模式的文本情感分类研究［J］．计算机科学，2008，135（14）：231－233.

[103] 李实，叶强，李一军，Rob Law．中文网络客户评论的产品特征挖掘方法研究［J］．管理科学学报，2009（2）：142－152.

[104] 李晓宇，张新峰，沈兰荪．一种确定径向基核函数参数的方法［J］．电子学报，2005，33（12）：2459－2463.

[105] 李心丹．行为金融理论：研究体系及展望［J］．金融研究，2005（1）：175－190.

[106] 林斌．基于语义技术的中文信息情感分析方法研究［D］．哈尔滨：哈尔滨工业大学，2007.

[107] 蔺璜．程度副词的特点范围与分类［J］．山西大学学报，2003（2）：33－36.

[108] 刘超．基于行为金融学的中国证券分析师行为研究［D］．天津：天津大学，2006.

[109] 刘康，刘军．基于层叠 CRFs 模型的句子褒贬度分析研究［J］．中文信息学报，2008，22（1）：123－128.

[110] 刘志阳．国外行为金融理论述评［J］．经济学动态，2002（3）：71－75.

[111] 卢向华，冯越．网络口碑的价值——基于在线餐馆点评的实证研究［J］．管理世界，2009（7）：126－132.

[112] 路斌，万小军，杨建武等．基于同义词词林的词汇褒贬计算［A］．萧国政等编．第七届中文信息处理国际会议论文集［C］．北京：中国中文信息学会，2007：410－417.

[113] 潘宇，林鸿飞．基于语义极性分析的餐馆评论挖掘［J］．计算机工程，2008，34（17）：208－210.

[114] 施寒潇，厉小军．主观性句子情感倾向性分析方法的研究

[J]. 情报学报, 2011 (5): 522 - 529.

[115] 史伟, 王洪伟, 何绍义. 基于微博平台的公众情感分析[J]. 情报学报, 2012, 31 (11): 1171 - 1178.

[116] 宋泽芳, 李元. 投资者情绪与股票特征关系 [J]. 系统工程理论与实践, 2012, 32 (1): 27 - 33.

[117] 谭松波. 中文情感挖掘语料 [DB/OL]. 2010. http: //www.searchforum. org. cn/tansongbo /corpus - senti. Htm.

[118] 唐慧丰, 谭松波, 程学旗. 基于监督学习的中文情感分类技术比较研究 [J]. 中文信息学报, 2007, 21 (6): 55 - 94.

[119] 王根, 赵军. 基于多重冗余标记 CRFs 的句子情感分析研究 [J]. 中文信息学报, 2007, 21 (5): 51 - 55.

[120] 王洪伟, 郑丽娟, 刘仲英, 霍佳震. 中文网络评论的情感特征项选择研究 [J]. 信息系统学报, 2012 (10): 76 - 86.

[121] 王素格, 杨安娜, 李德玉. 基于汉语情感词表的句子情感倾向分类研究 [J]. 计算机工程与应用, 2009 (24): 153 - 155.

[122] 闻彬, 何婷婷, 罗乐, 宋乐, 王倩. 基于语义理解的文本情感分类方法研究 [J]. 计算机科学, 2010 (6): 261 - 264.

[123] 吴琼, 谭松波, 张刚. 跨领域倾向性分析相关技术研究[J]. 中文信息学报, 2010, 24 (1): 77 - 83.

[124] 吴秋芳, 王长辉, 唐亚勇. 基于 GARCH 类模型和 BP 神经网络的量价关系实证研究 [J]. 四川大学学报 (自然科学版), 2013 (4): 703 - 708.

[125] 熊德兰, 程菊明, 田胜利. 基于 HowNet 的句子褒贬倾向性研究 [J]. 计算机工程与应用, 2008 (22): 143 - 145.

[126] 徐军, 丁宇新, 王晓龙. 使用机器学习方法进行新闻的情感自动分类 [J]. 中文信息学报, 2007 (21): 95 - 100.

[127] 徐琳宏, 林鸿飞, 赵晶. 情感语料库的构建和分析 [J]. 中

文信息学报，2008，22（1）：116－122.

[128] 杨学功．关于 Ontology 词源和汉译的讨论［A］. 载罗嘉昌．中外哲学的比较与融通（第 6 辑）［C］. 北京：中国社会科学出版社，2002.

[129] 姚天，程希文，徐飞玉等．文本意见挖掘综述［J］. 中文信息学报，2008，22（5）：71－80.

[130] 姚天昉，聂青阳，李建超．一个用于汉语汽车评论的意见挖掘系统［C］. 中国中文信息学会成立25周年学术年会，北京，2006.

[131] 叶强，张紫琼，罗振雄．面向互联网评论情感分析的中文主观性自动判别方法［J］. 信息系统学报，2007，1（1）：79－91.

[132] 余奕霏，王鑫鑫，冯成，吴骁．网络评论对消费者购买行为的影响［J］. 企业导报，2009（12）：232－234.

[133] 张桂宾．相对程度副词与绝对程度副词［J］. 华东师范大学学报（哲学社会科学版），1997（2）：92－96.

[134] 赵妍妍，秦兵，车万翔．基于句法路径的情感评价单元识别［J］. 软件学报，2011，22（5）：887－898.

[135] 周杰，林琛，李弼程．基于机器学习的网络新闻评论情感分类研究［J］. 计算机应用，2010，30（4）：1011－1014.

[136] 朱善宗．面向情感分析的特征抽取技术研究［D］. 哈尔滨：哈尔滨工业大学，2009.

[137] 朱嫣岚，闵锦，周雅倩等．基于 HowNet 的词汇语义倾向计算［J］. 中文信息学报，2006，20（1）：14－20.

[138] 邹莉娜，赵梅链．行为金融理论的发展及评述［J］. 经济师，2006（5）：250－251.